타임
TIME

시간을 읽어내는 여덟 가지 시선 **타임**

TIME

카틴카 리더보스 책임 편집

김희봉 옮김

성균관대학교
출판부

차례

일러두기

1. 원서에는 각주가 없지만, 인명이나 용어 등 배경설명이 필요한 부분에 번역자와 편집자가 주를 달아놓았다.
2. 도서·저널 등은 『 』로, 논문·기사·보고서 등은 「 」로, 그림·영화·영상물 등의 작품명은 〈 〉로 묶어 표기하였다.

시간은 인간에게
어떤 의미로 다가오는가

카틴가 리더보스

시간은 인간에게 어떤 의미로 다가오는가

시간이란 무엇인가? 우리는 시간의 흐름을 벗어날 수 없다는 사실을 잘 알고 있다. 성 아우구스티누스(Aurelius Augustius)[1]는 시간에 대해 아무도 묻지 않는다면 그 답을 알지만, 설명하려고 들면 더 이상 알 수 없다는 유명한 말을 남겼다. 이제 그로부터 1500년도 넘게 지난 시점에서, 우리는 시간의 본질에 대해 아우구스티누스보다 더 나은 대답을 내 놓을 수 있을까?

성 아우구스티누스의 문제는, 시간의 본질에 대한 질문이 다른 주제에서는 찾아볼 수 없을 정도로 다면적이기 때문에 생겨난다. 이 책의 저자들은 '시간이란 무엇인가?' 라는 질문에 대해 각각 다른 측면을 강조할 것이다. 그래서 시간이 직선적인지 순환적인지, 시간은 끝이 없는지, 시간 여행을 할 수 있는지, 시간의 흐름에 대한 경험이 어떻게 일어나는지, 사람과 같은 생명체의 생체 시계는 어떻게 조절되는지, 언어는 인간 존재의 임시성을 어떻게 잡아내는지 등에 대해 각각 다른 전망에서 살펴본다.

이 책의 저자들만 보아도 이러한 다면성을 알 수 있다. 이 책은 시간의 본질이라는 단일한 질문에 대해 단일한 결론을 얻으려고 하지 않는다. 반대로 저명한 연구자 여덟 명이 각자의 분야에서

---

1) 아우구스티누스(Aurelius Augustius, 354~430)는 초대 그리스도교 교회의 위대한 철학자이자 사상가로 『고백록』 『신국론』 등을 썼다.

시간의 본질에 대한 질문에 뛰어든다. 예술과 인문학 그리고 자연과학의 전 분야를 아우르는 이 질문들은 시간이라는 주제의 진정한 학제적 본질을 잘 보여준다.

런던 임페리얼 칼리지의 이론물리학 교수 크리스토퍼 이샴 (Christopher J. Isham)과 공동 연구자 콘스탄티나 사비도우 (Konstantina N. Savvidou)는 현대 물리학 이론에서 시간의 역할을 분석한다. 사실은 '역할들'이라고 해야 하는데, 시간이라는 개념은 물리적 세계에서 두 가지 구별되는 방식으로 나오기 때문이다.

첫 번째 서술 방식은 사물이 주어진 순간에 어떻게 있는가를 알려주는 문장으로 구성된다. 이것은 시간을 '있음(being)'의 관점에서 본 것이다. 그러나 물리적 세계를 서술하려면 사물이 어떻게 변화하는가 하는 관점도 필요하다. 여기에서 시간은 '되어감(becoming)'이라는 보완적인 개념을 가리킨다. 물리 이론에서 시간을 나타내는 표준적인 수학적 표현은 이 두 역할을 구별하지 않는다. 두 역학을 굳이 구분하지 않아도 고전물리학에는 아무 문제가 생기지 않는 것이다. 하지만 이 책의 1장에 따르면 이 두 역할을 분명히 구별할 수 있고, 이러한 구별이 이론물리학의 발전에 큰 도움을 줄 수 있을 것이다. 시간이 골치 아픈 문제를 일으킨다고 알려져 있는 양자중력 이론에서 이런 구별은 특히 유용하다.

현대 물리학에서는 시간이 직선적으로 지나간다는 것을 당연하게 여기고, 시간 경험을 과거 · 현재 · 미래로 엄격히 분리한다. 그러나 고대 인도 문명 등에서는 이것과 다른 경쟁적인 시간 개념이 있었고, 이 시간 개념에 따르면 시간은 순환적이다. 순환적인 시간 개념에서는 사건이 끝없이 반복되며, 시작과 끝은 분명하지 않다. 흔히 순환적인 세계관은 역사를 부정한다고 한다. 하지만 이런 생각은 인도 역사의 답사되지 않은 영역에서 자신들의 견해가 옳다고 확인하려고 안달이 난 유럽 학자들의 선입견일 뿐이다. 고대 인도 문명에 역사가 없다는 생각을 뉴델리 자와할랄 네루 대학교 역사학과 명예교수 로밀라 타파(Romila Thapar)가 파헤친다. 타파 교수는 고대 인도 문헌에 대한 방대한 지식을 바탕으로 역사적 연대기의 풍부한 전통을 확인했다. 이러한 연대기에 요구되는 직선적인 시간 개념은 순환적인 시간 개념과 공존했다. 두 가지 시간 개념이 모두 사용되었고, 함께 쓰일 때도 있었으며, 서로 다른 쓰임새로 사용되기도 하였다. 둘의 기능 차이가 민감하게 감지되면서 서로의 의미는 더욱 선명하게 드러났다.

순환적인 우주에서는, 과거의 일과 현재 벌어지고 있는 일들이 미래에도 또 일어난다. 그렇기 때문에 시간 여행자는 과거를 방문하기 위해 특별히 노력할 필요가 없다. 사건이 저절로 반복되기를 기다리기만 하면 되는 것이다. 그러나 시간이 직선적이라면 문제는 간단하지 않다. 케임브리지 대학교 철학과 명예교수 멜러(D.H. Mellor)는 이런 상황에서 시간 여행의 가능성과 불가능성을 살펴본다.

미래로 가는 시간 여행은 외부 세계보다 시계를 느리게 가게 할 수만 있다면 누구에게나 가능한 일이다. 얼핏 보기에 이런 일은 어려워 보이지만, 사실상 두 가지 방식으로 가능하다. 빛에 가까운 속도로 달리거나, 보다 비용이 덜 드는 방법으로, 자기 몸의 대사 과정을 느리게 하는 것이다. 그러나 과거로 가는 시간 여행은 사건들이 반대 순서로 일어나게 해야 하는 등 수많은 개념적인 난점이 있다. 어떤 사람이 진정한 의미에서 과거로 갔다고 할수 있으려면, 그 사람은 원래 거기에 살던 사람들과 완전히 똑같은 방식으로 그 시대와 영향을 주고받아야 한다. 하지만 이런 요구를 만족시킬 수 있는 시간 여행자는 누구나 모순을 일으킬 수밖에 없다. 이러한 난점 때문에, 과거로 가는 시간 여행은 불가능하다.

어떤 의미에서 보면 우리 모두는 시간 여행을 하고 있으며, 달리 표현하면, 이는 모두에게 시간이 가차 없이 지나가고 있다는 뜻이기도 하다. 생물은 이러한 시간의 경과를 자신들의 필요에 따라 여러 가지 규모로 측정한다. 생물의 중요한 활동 주기에는 겨우 백만분의 1초쯤 지속되는 뉴런의 활동 주기도 있고, 여러해에 한 번씩 돌아오는 곤충의 창궐 주기도 있다. 물론 생물학적 주기 중에서 가장 중요한 것은 거의 모든 고등 생물이 가지고 있는 24시간 주기의 생리적 · 행동적 변화이다.

그렇다면 이러한 24시간 생체 시계의 유전학적 바탕은 무엇일까? 이 분야에서 주목할 만한 발견들을 리이세스터 대학교의 행동유전학과 교수 차라람보스 키리아코우(Charalambos P. Kyriacou)가 설명한다. 지난 30년간 이루어진 방대한 연구에 따르면, 빵곰팡이와 초파리에서 포유류까지 수많은 생물들의 생물학적 시계가 유전적으로 놀라울 정도로 유사하다는 사실이 밝혀졌다. 생체 시계 성분의 확인 작업은 빠르게 진행되고 있으며, 이러한 연구는 생물 시계의 작동을 이론적으로 이해하는 데 매우 중요하다. 여기에서 비롯될 새로운 통찰들은 일상생활에 유용하게 쓰일 수 있을 것이다. 이 연구로 사람의 생체 시계를 조절하는 방법이 밝혀진다면, 해외여행을 하는 사람들이나 야간 근무자들에게 큰 도움이 될 것이다.

24시간의 주기 안에서 깨어 있는 동안 우리는 수많은 활동을 한다. 아주 단순해 보이는 활동도 알고 보면 대단히 복잡한 사건들의 연속이다. 예를 들어, 손에 든 컵에 물을 부을 때에는 컵의 물이 점점 늘어남에 따라 물의 무게가 어떻게 작용할지 예측하고 정확한 순간에 적절하게 대응해야 한다. 그렇지 않으면 컵은 손에서 떨어지고 말 것이다.

그렇다면 사람의 신경계는 어떻게 이런 운동의 타이밍을 맞출까? 이에 대해 버밍엄 대학교에서 인간 행동을 전공하는 앨런 윙(Alan Wing) 교수는 운동의 타이밍 조절 능력에 대한 최신 연구 성과를 설명한다. 흥미롭게도 일상생활에서 흔히 하는 단순한 행동의 타이밍을 설명하기 위해 개발한 모델은 음악에서 복잡한 박자를 맞추는 따위의 정교한 행동도 성공적으로 설명하도록 확장이 가능하다. 또한 새로운 뇌 영상 기술을 이용하면 뇌의 어떤 영역이 운동의 타이밍을 조절하는지 알아낼 수 있고, 뇌의 손상이나 파킨슨병과 같은 신경퇴행성 질환에 대해서도 많은 것을 밝혀낼 수 있다.

사람의 생체 시계에 관련된 유전적 정보나, 운동의 타이밍을 조절하는 신경계의 작동은 전 세계 모든 사람들에게 똑같다. 하지만 사람들이 시간에 대해 말하는 방식은 그렇지 않다. 뱅고르의 웨일즈대학 언어학 명예교수인 데이비드 크리스털(David Crystal)은 세계 여러 언어에서 시간 관계를 표현하는 방식이 얼마나 다른지 보여준다. 그 한 가지 예가 시제(時制)이다. 서구 문화에서 시간은 진행하는 선(line)으로 여겨지며, 이 시간선의 점들 사이의 여러 가지 관계가 서구 언어의 문법 구조에 반영되고 시제로 나타나게 된다. 그러나 모든 사람들이 시간을 일차원적인 직선으로 보지는 않는다. 또한 어떤 사람들에게 언어의 시제는 흔히 알려진 대로 과거 · 현재 · 미래로 구별되지 않기도 한다. 예를 들어, 그들은 일반적인 진리, 또는 알려지거나 가능한 것을 한 가지 시제로 하고, 확실하지 않은 사건을 다른 시제로 사용한다. 북미 원주민의 호피어(Hopi Language)가 그런 예이다.

서구의 세계관에 따르면, 현재 순간은 가차 없이 시간의 선을 따라 진행한다. 사람들은 과거를 여행할 수 없으며, 유일한 탈출구는 허구를 통하는 것뿐이다. 허구는 시간의 역설을 만든다. 허구는 청취자나 독자에게 다수의 미래를 제시한다. 하지만 사람들은 여전히 자신이 단 한 가지 시간에 매여 있다는 것을 잘 알고 있다.

케임브리지대학 영문학과 교수 질리언 비어(Gillian Beer)는 두 가지 형태의 허구의 차이를 탐구한다. 허구의 두 가지 형태란 들려주는 이야기와 읽는 소설을 말한다. 소리내어 들려주는 이야기는 실시간에 펼쳐진다. 이야기의 내용은 머나먼 과거일 수도 있지만, 이야기꾼의 힘이 듣는 사람을 사로잡기도 한다. 이야기꾼이 이야기를 시작하고 나면, 마치 실제 시간 속에서 일어나는 것처럼 서사가 진행된다. 소설은 들려주는 이야기와 근본적으로 다르다. 작가와 독자는 시간상으로 격리되어 있고, 과거에 묶여 있는 작가는 미래의 독자를 통제할 수 없다. 하지만 독자는 뒤로 읽을 수도 있고, 심지어 옆으로 읽을 수도 있다. 독자는 듣는 사람과 달리 마음대로 다중적인 시간 속을 돌아다닐 수 있다.

임시성은 인간 존재의 가장 핵심적인 부분이다. 우리는 시간을 직선으로 볼 수도 있고, 순환한다고 볼 수도 있으며, 완전히 다른 어떤 것이라고 볼 수도 있다. 또한 우리는 이러한 시간관에서 시간 여행을 어떻게 할지 생각할 수도 있고, 우리의 생체 시계를 빠르거나 느리게 조절할 수도 있다. 하지만 누구든 시간에서 해방되지는 못한다. 우리가 공간 밖에서 살 수 없듯이 시간 밖에서도 살 수 없다.

그렇다면 신은 어떤가? 신은 시간 속에 존재하는가, 아니면 무시간적인가? 옥스퍼드대학 머튼 칼리지의 특별연구원 루카스 (J.R. Lucas)가 이 질문을 맡았다. 플라톤의 논증에 따르면, 신은 변하지 않는 존재이지만 시간은 변화의 가능성을 내포하기 때문에, 신은 시간 밖에 존재한다. 물론 이것 말고도 신의 무시간성에 대한 논증은 여러 가지가 있었다. 예를 들어 창조주는 시간을 포함하여 모든 것을 만들어냈기 때문에 스스로는 시간 속에 살 수 없다(말하자면 시간을 초월한다). 또 다른 예로, 자유 의지의 개념이 전지전능한 신의 개념과 모순되지 않으려면 신은 시간 밖에 있어야 한다.

그러나 세심하게 살펴보면 이 논증들은 변화의 논리를 잘못 사용하고 있고, 순간(instant)과 기간(interval)의 개념을 혼동하고 있다. 이런 실수를 깨닫고 나면, 우리는 신이 무시간적이어야 한다고 억지로 믿을 필요가 없다.

하지만 우리의 존재와 신의 존재가 임시성과 무시간성의 차이가 아니라고 해도, 여전히 신의 시간은 우리의 시간과 근본적으로 다르다. 사람의 수명은 유한해서 사람의 존재 기간은 대단히 짧다. 하지만 신은 유한한 존재의 제한을 받지 않으며, 따라서 신이 존재하는 기간은 모든 시간을 포함하고 있다.

1. 시간과 현대물리학

크리스토퍼 이샴

콘스탄티나 N. 사비도우

시간이라는 주제

'시간'이라는 주제에는 보편적인 매력이 있다. 이 매력의 상당 부분은 주제 자체가 진정한 학제적인 성격을 띠기 때문이다. 시간의 본질에 대한 질문은 물리학, 생물학, 심리학, 철학, 시(T. S. 엘리어트의 작품을 생각해 보라), 시각예술, 신학, 음악(예를 들어 단선율 성가) 등 본질적으로 다른 수많은 분야에서 나타난다.

이 책에서는 이 주제들 중에서 몇 가지만을 다루고 있지만, 모든 경우에 (적어도 좀 더 학술적인 분야에서) 가장 기본적인 질문은, 시간 개념이 그 분야의 배경이 되는 형이상학적 구조와 어떻게 맞물리느냐 하는 것이다. 따라서 물리학자에게 핵심적인 문제는, 현대물리학의 이론적 토대에서 시간이 어떤 역할을 하는가이다. 이론물리학자로서 필자는 시간 표현에 사용되는 다양한 수학적 구조가 이 질문과 어떻게 관련되는지에 특별한 관심이 있다.

물리학자들이 시간을 보는 방식에는 두 가지가 있다. 이것을 시간(그리고 공간)에 대한 절대적 관점과 관계적 관점이라고 부른다. 전자는 시간(그리고 공간)이 물질과 무관하게 존재한다고 보며, 후자는 상호 연관 속에 있다는 관점이다. 절대적 관점에 따르면, 시간(그리고 공간)은 물리적 과정이 펼쳐지는 무대이다. 시공간은 모든 물리학의 기준틀을 떠받치는 배후 구조이다. 여기서 물질의 운동은 시공간이라고 불리는 독립적인 '그 무엇'의 안에서 이루어진다. 뉴턴 물리학과 특수상대성이론[1]은 이런 유형의 이론이다.

　반면 관계적 관점에서는 시공간이 물질과 무관하게 존재할 수 없다고 주장한다. 이 관점에서 시간은 오로지 물질이 존재할 때만 함께 존재할 수 있다. 즉 시간 개념은 물질 개념에 의존한다. 관계적 관점에는 라이프니츠(G.W. Leibniz)[2]와 마흐(E. Mach)[3]라는 유명한 이름이 따라 다닌다. 일반상대성이론[4]은 절대적 구조를 가정하기는 하지만, 관계적 관점 속을 따르는 이론이라고 볼 수 있다.

　현대물리학은 시간의 두 관점 사이를 불편하게 오가고 있다. 한 가지 중요한 점은 이 둘이 관계를 맺는 방식이다. 예를 들어 이 논의의 맥락에서 '시계'의 역할이 무엇인지 생각해보자. 손목시계는 물질로 만들어져 있기 때문에 자연스럽게 두 번째의 관계적 관점과 관련된다. 그러나 '좋은' 시계라고 말할 때는 물질의 배후에 있는 절대 시간을 정확하게 측정하는 것을 말하기 때문에

1) 특수상대성이론은 1905년 아인슈타인에 의해 제창된 이론으로, 광속불변의 원리와 상대성원리를 기본 가정으로 하고, 공간과 시간을 묶은 4차원의 시공간을 도입하였다.
2) 라이프니츠(G.W. Leibniz, 1646~1716)은 독일의 철학자·수학자·법학자·신학자로, 『단자론』을 저술하였다.
3) 마흐(Ernst Mach, 1823~1916)는 오스트리아의 물리학자·과학사가·철학자이다. '질량상수'를 논하여 뉴턴역학의 기초를 다지고, 『에너지 보존법칙의 역사』를 써서 에너지론의 기초를 닦았다.
4) 일반상대성이론은 1916년 아인슈타인이 특수상대성이론을 확장하여 가속도를 가진 임의의 좌표계에서도 상대성이 성립하도록 체계화한 이론이다. 시공간이 상대성을 띠고 있으며, 시공간은 물체의 존재에 의해 영향을 받는다는 내용을 포함하고 있다.

명확히 첫 번째의 절대적 관점과 관련된다.

그렇다면 원자시계는 어떤가? 이것도 물론 (양자) 물질로 이루어져 있다. 그러나 원자시계를 언급할 때는 시간의 정의에 대해 말하는 것이지, 측정에 대해 말하는 것이 아니다. 하지만 '좋은' 원자시계란 무엇을 뜻하는가? 시간에 대한 '더 나은' 정의가 있다는 뜻인가? 그리고 이런 정의들이 있다면 이것들은 서로 어떻게 연관되며, 뉴턴 물리학의 시간과는 어떻게 연관되는가?

시간과 현대물리학의 관계를 알아보려는 이 장에서 고전역학과 양자역학, 특수상대성이론과 일반상대성이론에서 시간 개념이 각각 어떻게 달라지는지 살펴보는 것도 유익한 일이 될 것이다. 그러나 필자는 이런 주제들보다는 현대물리학에서 시간이 발생하는 두 가지의 특별한 방식에 대해 알아보려고 한다. 그를 통해 시간에 대한 여러 가지 기본 개념을 살펴보고, 시간에 대해 물리학에서 나온 최근의 관점들을 살펴 볼 것이다.

시간의 두 가지 역할

성 아우구스티누스는 시간에 대해 많은 생각을 했다. 그가 『고백록』에 적어둔 시간에 대한 유명한 인용문을 살펴 보자.

"그렇다면 시간이란 무엇인가? 아무도 내게 묻지 않는다면 나는 시간에 대해서 알고 있다. 그러나 이것을 누군가에게 설명하려 한다면, 나는 시간에 대해 알지 못한다. 하지만 여전히 나는 이것만큼은 안다고 말할 수 있다. 아무것도 지나가지 않으면 과거의 시간은 없다. 아무것도 다가오지 않으면 미래의 시간은 없다. 그리고 아무것도 존재하지 않으면 현재의 시간은 없다."

오래 전에 성인이 남긴 이 말에 담긴 뜻은 지금도 여전히 심오하고 적절하다. 우선 누구나 받아들이는 사실이지만, '시간'은 딱 꼬집어 이것이라고 말하기가 무척 힘든 개념이라는 것이다. 어떤 의미에서 우리는 시간이 무엇인지 정확히 알고 있다고 생각한다. 하지만 그것을 말로 설명하려고 들면, 마치 키메라나 도깨비불처럼 옆으로 새나가고 만다. 하지만 아우구스티누스의 말에서 우리에게 더 중요한 것은 시간의 여러 가지 역할에 대한 설명이다. 시간이라는 개념에 대한 언급은 과거로 더 거슬러 올라가서 아리스토텔레스의 『자연학 *Physics*』에도 나온다.

이전과 이후를 구별하면서 우리는 시간을 말하게 된다. 시간이란 운동을 재는 척도이기 때문이다. 그렇다고 시간이 운동은 아니다. 운동을 숫자로 환산할 때 사용되는 것이 시간이다. 운동은 연속적인 흐름이므로 시간도 연속적인 흐름이다. 하지만 어떤 주어진 순간에도 시간은 모든 곳에서 동일하며, '지금' 자체도 본질적으로 동일하다. 그러나 '지금'이 어디에 들어가는

가에 따라 그 관계는 달라지며, 시간을 과거와 미래로 가르는 표지가 바로 '지금'이다. '지금'은 어떤 면에서는 어디에서나 동일성을 유지하지만, 그렇지 않은 면도 있다. 그것은 시간의 흐름 속에서 끊임없이 변해가는 '지금'을 표시하므로 언제나 동일하지 않다. 하지만 모든 순간에서 '지금'은 과거와 미래를 가르는 본질적인 역할을 수행하기 때문에 여전히 동일성이 남아 있다.

그리스 철학의 전통을 물려받은 그리스 정교회에서는 자연($\varphi\nu\sigma\iota\xi$)을 연구하면 결국에는 신에게로 다가가게 된다고 믿었다. 이러한 연구의 바탕에는 그리스 사람들이 '범주'라고 불렀던 것이 있었다. 이 범주가 없으면 아무것도 인지하거나 분별할 수 없다. 아리스토텔레스에 따르면 '물질, 질, 양, 관계, 장소, 시간, 공간, 소유, 작용, 작용 당함'이라는 열 가지 범주가 있었다.

고백자 막시무스(Maximus Confessor)[5]는 시간이라는 범주에 대해 이렇게 가르쳤다.

시작, 중간, 끝은 시간을 나눌 수 있는 모든 측면이며, 영원 속에서 우리가 인지할 수 있는 모든 것이라고도 할 수 있다. 시

---

5) 고백자 막시무스(Maximus Confessor, 580~662)는 그리스정교의 교부로 성서와 교부들에 대한 많은 저술을 남겼다. 주요 저서로 『수덕서』 등이 있다.

간은 측정할 수 있는 운동을 가지기 때문에, 시간은 숫자로 지정될 수 있다. 영원은 존재와 시간을 통합하며, 존재(ον)의 기원을 포함하므로 1차원이다. 시간과 영원에 시작이 없다면, 그 속에 들어 있는 것보다 훨씬 더 많은 것들이 존재한다.

(막시무스, 『신학과 철학의 질문들』)

이렇게 명백하게 막시무스는 운동을 측정하는 시간과 불변하는 영원으로서의 시간을 다르게 생각했다.

이번에는 물리학의 입장에서 시간을 살펴보자. 물리학에서 시간의 아주 중요한 측면은, '사물의 존재 양태(더 전문적으로 말하면 계[system, 界]의 상태)는 시간 속에 주어진 순간 t에 지정된다는 것이다. 특히 고전물리학에서, 어떤 순간 t에서 계에 대한 어떤 명제는 참이거나 거짓이다. 또 이러한 명제들은 표준 논리 연산으로 결합할 수 있다. 따라서 A와 B라는 명제가 있다면, 'A 그리고 B', 'A 또는 B', 'A이면 B' 등을 구성할 수 있다. 또한 모든 명제 A에 대해서 그 부정(否定)인 'A가 아님'이 있다.

이런 맥락에서 아우구스티누스, 아리스토텔레스, 막시무스의 글을 읽어보면 '시간'이 물리학에서 하는 다음과 같은 두 가지 역할을 찾아낼 수 있다.

1. 시간은 경험에 '과거' · '현재' · '미래'로 순서를 매긴다. 이렇게 '존재의 상태(state of being)'에 순서를 매기면 시점[6] 논

리(temporal logic)의 개념이 나온다. 예를 들어 t_1이라는 순간에서 계의 상태에 대한 명제를 A_{t_1}이라고 하고 t_2 순간에서 계의 상태에 대한 명제를 B_{t_2}라고 하면, 시점이 다른 연언 'A_{t_1} 그리고, 그 다음에 B_{t_2}'를 만들 수 있다. 이렇게 볼 때 시점 논리에서 순서를 담당하는 매개변수가 바로 시간이며, 이것은 '존재'의 관점에서 본 시간이다. 다시 말해, '사물이 어떻게 되어있는지' 말하기 위해 시간을 지정해야 한다.

2. 시간의 또 다른 면으로, '되어감(becoming)'이라는 보완적 관점이 있다. 이러한 시간 개념은 '사물이 어떻게 변해가는지'를 설명해야 할 때 나온다. 따라서 동역학에서 물리계의 진행을 서술하는 매개변수로 시간이 나타난다.

이론물리학의 관점에서는 이러한 시간의 두 측면이 수학적으로 어떻게 표현되는지 이해하는 것이 중요하다. 이 장에서는 시간의 두 가지 역할에서 실수(實數)가 어떻게 사용되는지 세심하게 살피게 될 것이다. 그리고 주로 고전물리학에서 시간의 두 역할이 어떻게 나타나는지에 대해, 특히 뉴턴 물리학의 절대적 시간을 배경으로 살펴볼 것이다. 물론 20세기에 일어난 발전을 따

---

6) 이 책에서는 시간의 흐름이 완전히 배제된 시간의 선 위에 있는 한 점을 시점이라고 하겠다. 아주 짧은 시간을 나타내는 '찰나'에도 시간 지속이 있고, '순간(瞬間)'도 눈을 감았다 뜨는 동안이라는 뜻이므로 시간 지속이 있다. 그러나 이 책에서는 '순간'을 '시점'과 같은 뜻으로(시간 지속이 전혀 없다는 뜻으로) 사용하겠다(옮긴이).

라잡기 위해서는 시간을 특수상대성이론(어쩌면 일반상대성이론까지도)의 맥락에서 고려해야 한다. 이때 중요한 주제가 '인과논리'와 '상대론적 동역학'이다. 하지만 이 책에서는 그렇게까지 자세히 들어가지는 않을 것이다. 마지막으로 일반상대성의 양자론에서의 '시간의 문제'에 대해 살펴볼 것이다. 여기에서는 시간에 대한 모든 통념이 거부된다.

시간 순서와 실수(實數)

'과거' · '현재' · '미래'로 사건에 순서를 매기는 것은 모든 시대와 문화에 공통된 유일한 시간 개념이 아니다. 예를 들면 영원한 반복이 일어나는 '순환적'인 시간 개념은 고대 그리스와 인도(2장 참조)에서 나타났다. 그러나 시간이 수학적으로 원으로 표현된다면 역사라는 개념은 있을 수 없다. 미래에 일어날 사건이 과거에도 일어났기 때문이다.

이러한 순환적 시간관은 유대교와 기독교 신학에 뿌리를 두고 있다고 알려진 현대의 직선적 시간관과 날카롭게 대비된다. 이러한 직선적 세계관은 근본적으로 역사적이며, 모든 사건은 세계의 창조와 묵시록적 종말 사이에서 일어난다. 기독교에서는 이 직선적인 사건 배열의 가운데에 예수의 탄생이 있다. 모든 사건은 '예수 이전(BC)'이거나 '예수 이후(AD)'이다.

따라서 유대교와 기독교의 상식에 따르면 E와 F라는 두 사건에 대해, F는 E의 미래에 있거나, E가 F의 미래에 있거나, E와 F가 동시여야 한다. 그러므로 실수(직선에 임의로 영점을 정하고, 영점에서의 거리가 실수라고 말할 수 있다)가 왜 시간의 자연스러운 수학적 모형이 되는지 알 수 있다. 두 실수 a와 b에 대해서 $a < b$, $b < a$, $a = b$ 중의 하나가 언제나 참이기 때문이다.

실수가 시간(시점 논리와 동역학 모두에 대해) 표현에서 담당하는 역할을 완전히 이해하려면 이론물리학에서 사용되는 수학적 구조를 더 자세히 살펴봐야 하고, 특히 계의 상태 공간이라는 개념을 이해해야 한다. 여기에서는 주로 고전물리학의 상황을 살펴보려 한다.

고전물리학: 명제 논리와 상태 공간

어떤 순간에 임의의 물체 또는 물리계를 생각해보자. 고전물리학에서 이런 계의 핵심적인 특징은 그 순간(앞에서 '존재'의 시간이라고 말한 것)의 모든 성질을 지정하면 완전히 정의된다. 이렇게 상태를 정의하는 성질의 목록을 계의 상태라고 부른다. 물론 어떤 주어진 순간에 한 물리적 계는 유일한 물리적 상태를 가지며('상태'라는 개념에 암묵적으로 이런 뜻이 들어있다), 다른 순간에는 계가 다른 상태를 가질 수 있다(일반적으로 그럴 것이다).

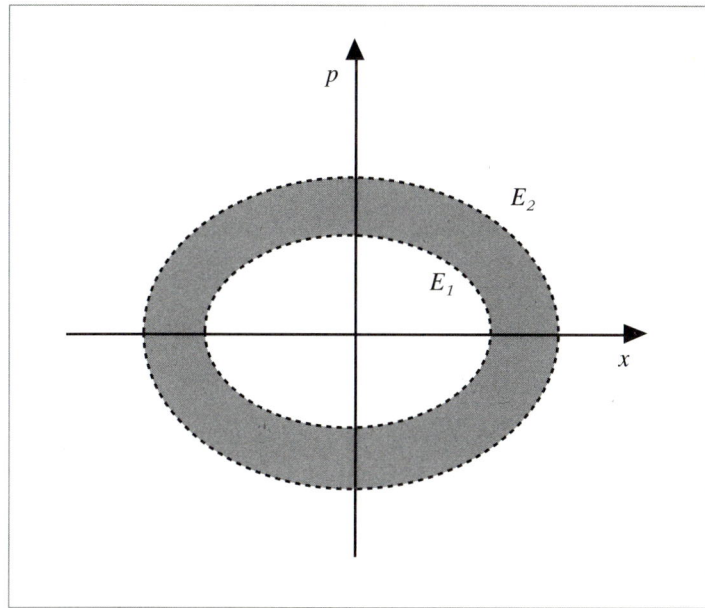

그림 1 ● 고전적인 상태 공간

계의 모든 가능한 상태의 집합을 상태 공간이라고 부른다.

　이 개념을 설명하기 위해 다음과 같은 예를 들어 보자. 점입자
(질량만 있고 공간적으로 길이, 넓이, 부피를 차지하지 않는 이론적
인 존재)가 1차원에서(다시 말해 직선을 따라) 힘을 받으면서 움직
인다고 하자. 이런 계는 위치(x로 표시된다)와 운동량(질량 m ×
속도 p로 표시된다)이라는 두 성질에 의해 완벽하게 정의된다. 다
시 말해 이런 계의 상태는 입자의 위치 x와 운동량 p의 값을 알면
완전히 결정된다. 따라서 이 계의 상태 공간은 그림 1처럼 좌표 x

와 p로 이루어진 2차원 공간이다.

물론 점입자는 위치와 운동량 말고도 다른 물리적 성질을 가질 수 있다. 예를 들어 점입자는 에너지(E로 표시)를 가진다. 그러나 점입자의 에너지는 그 상태에 의해 결정된다. 다시 말해 점입자의 위치와 운동량의 값에 따라 수학적으로 결정되는 것이다.

그림 1의 예에서 점입자의 에너지는 다음과 같다.

$$E(x, p) = \frac{p^2}{2m} + kx^2 \tag{1}$$

여기에서 m은 점입자의 질량이고, k는 양의 상수이다. 에너지가 이렇게 정의되었을 때, 상태는 달라도 에너지가 같을 수 있다. 여기에서 이런 질문이 나온다. '계의 에너지가 모두 같은 E_1 값을 가지는 상태(x, p)의 집합은 무엇인가? 그림 1에서 이 집합은 안쪽 타원 위의 점들이다. 비슷하게 '계의 에너지가 E_2인 상태의 집합은 바깥쪽 타원 위의 점들이다(여기에서 $E_1 \langle E_2$여야 한다). '계의 에너지가 E_1에서 E_2 사이'인 계의 집합은 두 타원 사이에 회색으로 칠한 부분이다. 점입자에 대한 모든 명제에 대해서, 그 명제가 참인 상태의 집합이 있다.

이것을 모든 고전적 계로 확장할 수 있다. 어떤 계의 상태 공간을 S로 나타내면, 계에 대한 모든 명제 P는 S의 부분집합 S_P로 나타낼 수 있다. 반대로 S의 부분집합은 하나의 명제를 나타낸다. 더 정확하게 말해서, 모든 부분집합은 여러 명제들을 나타내며, 각각의 명제는 특정한 물리량이 특정한 범위에 있다고 주장한다.

명제들에 대한 논리 연산이 어떻게 표시되는지는 알기 쉽다. P와 Q가 명제이고 각각 S_P와 S_Q로 표현될 때, 'P와 Q'라는 명제를 생각해보자. P와 Q가 모두 참일 때만 이 명제가 참이다. 따라서 이 논리적 연언(conjunction)의 상태 부분집합은 S_P와 S_Q가 모두 걸쳐 있는 곳이며, 다시 말해 교집합 $S_P \cap S_Q$이다. 따라서 'P와 Q'는 상태공간 S의 부분집합 $S_P \cap S_Q$로 표현된다.

비슷하게, 명제 'P 또는 Q'가 참이 되려면 P나 Q 중 하나(또는 둘 다)가 참이어야 한다. 따라서 논리적 이접(logical disjunction)은 S_P와 S_Q를 더한 상태에 의해 표현된다. 다시 말해 두 집합의 합집합 $S_P \cup S_Q$가 된다. 마지막으로, 논리적 부정(negation)인 'P가 아님'은 S에서 S_P에 속하지 않은 모든 점들에 의해 표현된다. 다시 말해 여집합 S/S_P가 된다.

이런 방식으로, 물리계에 대한 명제의 논리 연산은 상태 공간에서 관련된 부분집합들의 불 대수(Boolean algebra)[7]와 근본적으로 동등함을 알 수 있다.

---

7) 불 대수(Boolean algebra)는 현대수학에 속하는 대수학의 한 분과로, G.불이 논리계산을 형식화하여 도입한 대수계이다.

동역학과 실수에 의한 시간 표현

이제 우리는 상태 공간 S라는 개념을 사용하여 물리학에서 동역학적 전개가 다루어지는 방식을 논할 수 있다. 여기에서 핵심 이슈는 (적어도 고전물리학에서) 계의 상태가 뉴턴적 시간 t를 바탕으로 해서 결정론적으로 변한다는 것이다. 이것이 뜻하는 바는 어떤 순간 t_1에서 계의 상태가 s_{t_1}이라면, 나중의 순간인 t_2 때의 상태 s_{t_2}는 계에 작용하는 힘에 의해 유일하게 결정된다는 것이다.

시간이 지나면서 s_{t_1}이 변해가는 방식은 뉴턴의 유명한 둘째 법칙을 따른다.

$$F = m \times a \qquad (2)$$

여기에서 F는 계에 작용하는 힘이고, m은 계의 질량, a는 가속도이다. 1차원에서 움직이는 점입자의 경우 이 방정식은 다음과 같은 미분방정식(더 자세히 하면 1계 상미분방정식)이 된다.

$$m \frac{\mathrm{d}x}{\mathrm{d}t} = p \qquad (3)$$

$$\frac{\mathrm{d}p}{\mathrm{d}t} = F \qquad (4)$$

여기에서 실수가 시간의 모형으로서 어떻게 나타나는지 다시 한 번 볼 수 있다. 말하자면 상미분방정식의 독립변수로 나오는 것이다. 따라서 궁극적으로 실수의 사용은 미분학에서 어떤 역할을 하는가에 좌우된다. 이 역할은 시점 논리에서 나오는 순서 변수와 관련되지만 동등하지는 않다. 여기에서 우리가 확실히 하려고 하는 한 가지 요점은, 이 두 역할을 더 날카롭게 구별하면 앞으로 이론물리학(말하자면 양자중력 같은 분야)의 발전에 도움이 된다는 점이다. 이 논의는 나중에 다시 다룰 것이다.

이 접근에서의 시점 논리

이러한 포멀리즘(formalism, 형식론)에서 't_1 순간에 P이고 t_2 순간에는 Q'라는 시점 논리의 진술이 어떻게 표현되는지 살펴보자. 여기에서 $t_1 < t_2$라고 하자.

앞의 논의에 따라, 'P와 Q'를 부분집합 $S_P \cap S_Q$ 로 나타낼 수 있다. 이것은 P도 참이고 Q도 참인 모든 상태를 포함한다. 그러나 이 경우에 't_1 순간에 P이고 t_2 순간에 Q'라는 명제는 더욱 세심하게 다루어야 한다. 서로 다른 순간에서의 상태를 비교하기 때문이다.

앞의 논의에서와 같이, 계에 대한 진술은 상태공간 S의 부분집합으로 나타낼 수 있다. 게다가 S 속의 상태들이 t_1 순간에서의 계의 상태라고 생각한다면(따라서 t_1을 최초의 '기준' 시각으로 잡는다), 't_1 순간에 P' 라는 명제는 부분집합 S_P에 대응된다. 여기에서 주요 단계는 t_1 순간에서의 상태 집합 S의 부분집합으로서 명제 't_2에서 Q' 의 수학적 표현을 찾는 것이다.

여기에서 상태들이 결정론적으로 전개됨을 상기하자. 다시 말해 t_1 순간의 어떤 상태에 대해서 t_2 순간의 후속 상태는 하나뿐이며, 반대로 t_2의 어떤 상태에 대해서 t_1의 선행 상태도 하나뿐이다. t_2 순간에 Q를 참으로 하는 각각의 상태 s(다시 말해 S_Q의 원소)에 대해서도 t_1에서 선행 상태는 하나뿐이다. S_Q에 포함되는 이러한 선행 상태들의 부분집합을 $(S_Q)_{pred}$라고 하자. 명제 't_1 순간에 Q' 는 명백히 이 부분집합으로 표현된다.

이러한 선행 상태의 집합에서 어떤 것은 S_P에 포함되고 어떤 것은 그렇지 않을 것이다. 따라서 명제 't_1 순간에 P였다가 t_2 순간에 Q' 를 표현하는 부분집합은 선행 상태 $(S_Q)_{pred}$를 이루고, 이것은 S_P에도 포함된다. 말하자면 이것은 다음과 같은 교집합이다.

$$S_P \cap (S_Q)_{pred}$$

이것은 완벽하게 적용 가능한 정의이며, 보통의 고전역학에는 이것이 암묵적으로 들어있다. 그러나 시점 논리에서 명제에 대응하는 집합은 계의 세부적인 동역학에 의해 명시적으로 좌우된다(부분집합 S가 다른 부분집합으로 변해가는 것을 통해)는 특성이 있다.

우리의 관점에서 이것은 바람직하지 않다. 이것은 앞에서 말한 존재의 시간과 되어감의 시간이라는 두 용법을 완전히 뒤섞어 버리기 때문이다. 또한 't_1 순간에 P였다가 t_2 순간에 Q'라는 명제의 물리적 의미가 동역학과 무관하다는 것은 이상한 일이다. 따라서 이러한 명제와 동일한 성질을 가진 수학적 표현이 당연히 있어야 한다. 이번에는 이 점을 살펴보자.

고전물리학의 역사 포멀리즘

조금 의외일 수도 있지만, 동역학에 무관한 시점 논리 표현이 논의된 것은 아주 최근의 일이다. 사실 이 질문은 처음에 양자론에서 제기되었고, 고전적인 경우에도 유사한 구성이 가능하다고 알려진 다음에야 이 주제가 논의되었다(이 글의 공동 필자 중의 한 사람인 콘스탄티나 사비도우가 1999년에 처음으로 논의했다).

고전물리학의 수학적 체계는 그림 2에 나온다. 핵심적인 아이디어는 애초에 두 가지 시간 변수('존재'의 시간과 '되어감'의 시간)로 시작하고, 각각의 존재의 시간 t에 대해 고전적인 상태공간 S_t의 별도 사본을 대응시킨다. 여기에서 S_t는 t 순간에 계의 상태를 나타낸다.

이 구성에 대응되는 자연스러운 수학적인 양은 경로이다. 이것

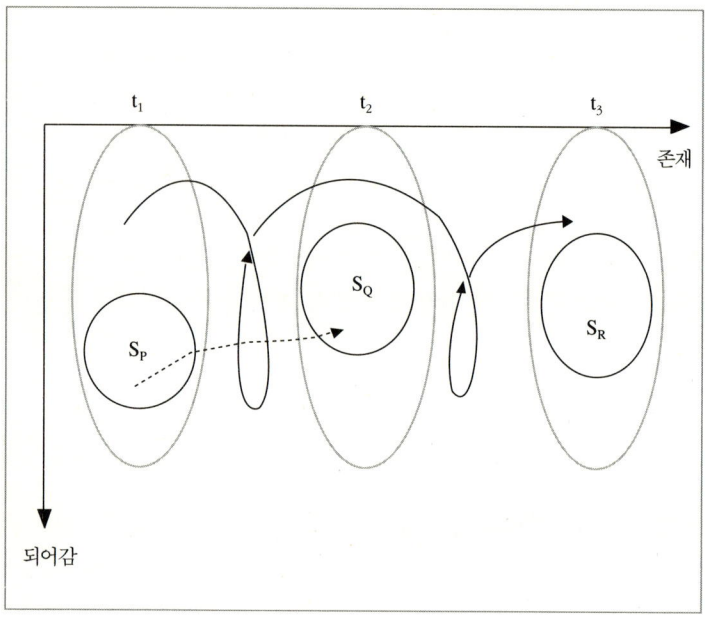

그림 2 ● 고전물리학에서 역사 포멀리즘

은 함수 γ이며, 각 순간 t에 대해 상태공간 S_t에 들어있는 $\gamma(t)$가 대응된다. 물리적 관점에서 경로 γ는 계의 가능한 역사를 서술한다. 다시 말해 $\gamma(t)$는 '존재의 시간' t에서 '사물이 어떻게 존재하는지' 서술한다.

  여기에서 't_1 순간에 P였다가 t_2 순간에 Q' 와 같은 명제는 t_1일 때 $\gamma(t_1)$이 S_{t_1}의 부분집합 S_P에 속하고 t_2일 때 $\gamma(t_2)$가 S_{t_2}의 부분집합 S_Q에 속하는 모든 경로 γ에 의해 서술된다. 이렇게 경로들의 부분집합으로 한 시점의 명제를 표현하는 것은 명백히 동역학과 무관하고, 이것이 시점 명제에서 기대되는 논리를 재생산한다는 것을 쉽게 알 수 있다.

이러한 체계에서 동역학 개념은 흥미로운 방식으로 나타난다. 수학적인 관점에서, 각각의 사본 S_t에 대응되는 동역학적 전개가 있다. 따라서 시점 논리의 시간과 동역학적 시간이 서로 분리되는 것이다.

이렇게 시간은 두 가지 역할을 하기 때문에, 시간 변환에도 두 종류가 있다. 하나는 시점 명제('존재'의 시간)에서 시간 지표가 '외부적으로' 변환되는 것이고, 다른 하나는 각각의 S_t에 대해 외부적인 시간 표시 t에 대응하는 내부의 값 t가 변환되는 것이다. 그렇다고 '물리적' 시간이 2차원 공간으로 되지는 않음을 여기에서 강조한다. (이렇게 되면 물리적 공간에 해당되는 3차원을 합해서 시공간은 5차원이 될 것이다.) 사실 모든 물리계에서 두 가지 유형의 시간 변환은 서로 묶여 있어서 계의 실제 역사는 단일한 경로이고, 그림 2에 나타난 나선으로 표현된다.

존 래덤(John Latham)[8]이라는 화가가 이 두 가지 시간 변환의 핵심 아이디어를 집어냈다는 것 참으로 놀라운 일이다. 래덤은 〈타임 베이스 롤러 *Time-base Roller*〉라고 알려진 일련의 작품에서 이런 아이디어를 시각적으로 나타냈다. 롤러의 길이 방향을 따라 수평으로 가는 축(래덤은 이것을 '타임 베이스'라고 불렀다)

---

8) 존 래덤(John Latham, 1921~2006)는 잠비아 태생의 개념미술가이다.

그림 3 ● 존 래덤의 〈타임 베이스 롤러*Time-base Rolle*〉

은 '존재의 시간'에 해당하고, 이런 시간에 대응되는 동역학적 전개는 블라인드가 풀리면서 수직으로 운동하는 것으로 표현된다.

철학적인 관점에서, 과정철학의 어떤 아이디어들은 래덤의 일반적인 형이상학적 관점을 집어내며, 과정의 아이디어가 어떻게 이론물리학자들의 시간 표현에 반영될 수 있는지 살펴보는 일은 흥미롭다.

과정의 수학

이론물리학에서 '존재의 시간'과 '되어감의 시간'이 어떻게 얽혀 있는지에 대한 중요한 질문을 하나 더 살펴보자. 특히 여기에서는 화이트헤드[9]와 같은 과정철학자들의 생각을 어떻게 수학적으로 구현할 수 있는지 고려할 것이다. 이러한 관점에서 '되어감'의 시간은 구조적으로 존재의 시간에 의존하지 않으며, 대개는 반대로 존재의 시간이 되어감의 시간에 의존한다. 화이트헤드는 순수한 경험의 관점에서 다음과 같이 주장했다. 시간과 공간보다 '사건'(그리고 사건들 사이의 관계)이 더 근본적인 개념이며, 시간과 공간에 대한 통념은 사건에 수반되는 경험에서 우리가 만들어낸 수학적 구성물일 뿐이라는 것이다.

이것은 화이트헤드의 식별가능(discernible)이라는 개념에 반영되어 있는데, 이것은 모든 일이 어떤 (시간) 지속을 가지고 일어난다는 것이다. '지속' 개념은 '시간의 계기들(moments of time)'의 집합으로 볼 수 없으며, 이런 의미에서 환원불가능하다. 지속은 그 안에 더 짧은 지속을 포함할 수 있으며, 따라서 지속들 사이에 서열을 매길 수 있다. 화이트헤드는 이런 성질을 근본적이라고 보았다. 반면에 순간성(instantaneousness)이라는 개념도

---

9) 화이트헤드(A.N. Whitehead, 1861~1947)는 영국의 철학자이자 수학자로, 버트란트 러셀과 함께 『수학원리』를 저술하였다. 주요 저서로『과정과 실재』『관념의 모험』 등이 있다.

있다. '순간'이란 논리적으로 이상화된 개념으로, 자연에서 모든 시간 지속이 제거된 것이다. 시간의 '계기(moment)'라는 개념도 여기에서 나온다.

따라서 우리는 시간의 '계기'(이것은 대개 실수로 표현된다) 개념에 의존하지 않는 '지속'의 수학적 표현을 발견하는 데 관심이 있다. 이 목적을 위해, 표준적인 고전물리학에서 되어감의 시간을 수학적으로 어떻게 표현하는지 다시 한 번 살펴보자.

기초 고전물리학에서 동역학 방정식은 뉴턴의 운동의 둘째 법칙으로 주어지며, 앞에서 보았듯이 다음과 같은 두 가지 미분방정식이다.

$$m \frac{dx}{dt} = p \tag{6}$$

$$\frac{dp}{dt} = F. \tag{7}$$

(7)의 방정식에서 시간 도함수 dp/dt는 극한을 의미한다는 것이 중요하다.

$$Limit \frac{p(t')-p(t)}{t'-t} \tag{8}$$

여기에서 t'은 계속해서 t로 접근한다. 방정식 (6)의 시간 도함수 dx/dt에 대해서도 마찬가지이다.

앞에서 강조했듯이, '되어감의 시간' 변수는 수학적으로 (6), (7)과 같은 미분방정식과 미분학이론에서 나온다. 반면에 방정식 (8)에 나오는 t'과 t는 '존재의 시간' 위에 있는 점이다. 왜냐 하면, t'과 t는 운동량 p가 어떤 특정한 값을 가질 때의 시각을 표시하며, 이것은 앞에서 말한 대로 논리적으로 이상화되어 지속이 제거된 상태이기 때문이다. 이런 의미에서 '되어감의 시간'은 구조적으로 '존재의 시간'에 의존한다.

수학적으로 볼 때 되어감의 시간이 존재의 시간에 의존해야 하는 이유는 표준 수학에 진정한 무한소가 없기 때문이다. 그러므로 기호 dt는 방정식 (8)에서처럼 제한적인 (극한의) 의미로 해석되어 왔다. 그러나 진정한 무한소가 존재하는 종합미분기하학(synthetic differential geometry)이라는 분야도 있다. 이것은 '되어감'의 개념으로 '시점'에 의존하지 않는 새로운 방식의 동역학을 구성할 수 있음을 시사한다. 딱 꼬집어 말해서, 무한소가 수학적으로 화이트헤드의 '지속'에 해당한다고 볼 수 있다.

이러한 방법으로 과정철학의 특정한 아이디어를 수리물리학에서 구현할 수 있다. 그러나 이렇게 하려면 실수의 비표준 모형을 도입해야 하며, 이 모형의 배후에는 직관주의적인 논리 구조가 있다. 표준 논리에서는 배중률[10]이 성립한다. 다시 말해 명제와 그 부정의 이접(disjunction), 즉 'P or $\sim P$'는 언제나 참이다. 반대로 직관주의 논리에서는 배중률이 성립하지 않는다. 배중률이 성립하지 않는다는 것은 이른바 수학의 구성적인 접근에서 일반적으로 나타나는 특징임을 말해둔다.

양자론의 시간

이제까지 논했던 것은 고전물리학의 시간이며, 이러한 시간의 여러 가지 측면은 양자론에서도 비슷하게 나타난다. 하지만 양자론의 표준 해석에서는 '측정'이 특별한 역할을 하기 때문에 시간의 양상이 조금 더 복잡해진다.

양자론은 원자와 그보다 작은 것들을 서술하는 데 근본적인 중요성을 가지고 있다. 양자론은 고전물리학과 한 가지 측면에서 근본적으로 다르다. 고전물리학에서는 어떤 특정한 상태에서 '이 입자가 위치 x에 있다'고 말할 수 있다. 반면에 양자물리학에서 '위치를 측정하면 입자가 x에 있을 확률'이 얼마라고 말할 수 있을 뿐이다. 이 확률은 0에서 1 사이의 값을 가진다.

표준 양자론의 핵심에는 엄격한 도구주의(instrumentalism)가 숨어있고, 이것은 '있다'가 '측정된다'로 대치됨을 의미한다. 이

---

10) 배중률(排中律)은 형식논리학에서 사유법칙의 하나로서, 모순되는 두 가지의 판단이 모두 참이 아닐 수는 없다는 원리이다.

렇게 되었을 때 '존재(being)'의 시간과 동역학('되어감')의 시간 사이의 구별은 어떻게 될까?

동역학에 대한 대답은 다음과 같다. 측정이 이루어지지 않는다고 하면, 양자 상태와 그 확률은 뉴턴적 시간에 대해 결정론적으로 진행된다. 이런 면에서 고전물리학과 양자론은 비슷하다. 특히 수학적 대상(벡터 공간의 벡터)의 동역학적 진행은 미분방정식(슈뢰딩거 방정식)에 의해 서술되며, 이러한 수학적 모형을 따르는 시간에 대해 앞에서 알아본 특징들은 그대로 적용된다.

그러나 양자론의 표준 해석에는 다른 유형의 시간 진행도 있다. 이것은 물리량을 측정하면서 일어난다. 측정을 하는 순간 양자상태는 다른 것으로 변하는데, 어떤 양자상태로 변할지 확정적으로 말할 수는 없고 그 확률만 알 수 있다. 많은 물리학자들이 표준 양자론의 이런 특징을 불만족스럽게 여기며, 이러한 상태벡터의 갑작스러운 '붕괴'를 다른 방식으로 설명하기 위해 여러 가지 이론을 시도했다. 예를 들어 측정 장치(이제는 측정 장치도 양자적 존재로 간주된다)까지 포함시킨 계에서 상태벡터의 결정론적 진행을 고려하는 이론도 이런 시도에서 나왔다. 이런 시도 중 하나인 양자론에 대한 일관된 역사 접근은 시간의 두 측면이라는 우리의 주제에 직접적인 관련이 있다.

시점 논리로 볼 때, 표준 양자론에서는 시간에 따라 여러 번 순차적으로 관측가능량(observable)을 측정해서 특정한 일련의 결과를 얻을 확률을 분명히 지정할 수 있다. 하지만 이것은 계의 동역학적 세부 사항에 명시적으로 의존하므로, 시점 논리의 시간은 또 다시 동역학의 시간과 뒤섞이게 된다.

시간의 두 측면을 분리하기 위해서는 앞에서 논했던 고전역학의 역사 포멀리즘에 대응하는 양자론의 역사 포멀리즘이 있어야 한다. 그러나 양자론의 역사 포멀리즘에는 물리량의 측정 결과가 아니라 물리량의 값을 다루는 양자론이 필요한데, 표준 양자론에서는 불가능한 일이다. 하지만 최근에 이러한 목적을 위해 일관된 역사 이론이라고 불리는 양자론의 새로운 접근법이 개발되었다. 양자 영역에서 값들(측정 결과가 아니라)을 말하도록 허용하면서 양보해야 하는 것은 제한된 종류의 명제들에 대해서만 확률을 지정할 수 있다는 것이다.

이 이론은 양자 시점 논리를 위해 이 장의 필자들이 참여하여 개발한 것이다. 이런 형태로 두 가지 시간 개념과 두 가지 시간 변환을 구현하기가 비교적 쉬워진다. 앞에서 말했듯이 시간 변수에 두 가지가 있다는 사실은 양자 영역에서 이 이론이 나온 다음에야 분명히 밝혀졌고, 고전물리학에서도 비슷한 구조가 있다는 것은 나중에 알려졌다.

아마 표준 양자론에 나오는 두 가지 시간 진행(결정론적 동역학, 그리고 측정이 이루어졌을 때 상태벡터의 붕괴)이 역사 이론에서 나오는 두 가지 시간 변환과 대응된다고 보고 싶은 유혹이 있을 것이다. 사실 이 글의 필자들 중 한 사람(콘스탄티나 N. 사비도우)은 상태벡터의 붕괴와 '존재'의 시간 사이에 밀접한 대응이 있다는 추측을 내놓았다.

시공간, 중력, 여러 가지 시간

특수상대성이론의 중심적인 아이디어는 뉴턴물리학의 3차원 공간과 1차원 시간이 통합되어서 시공간이라는 하나의 4차원 구조를 이룬다는 것이다. 이것은 커다란 변화이기는 하지만, 시공간의 역할은 뉴턴물리학에서 분리되어 있던 시간 및 공간의 개념과 다르지 않다. 특히 시공간 구조의 기하(이것은 시공간에서 두 점 사이의 거리 따위를 결정한다)는 고정되어 있고, 이것을 바탕으로 동역학 방정식이 나온다. (시공간은 고정되어있을 뿐만 아니라 비교적 단순하다. 특수상대성이론에서는 시공간이 '평평'하다.)

하지만 일반상대성이론에서는 상황이 꽤 다르다. 시공간의 기하는 고정되어 있지 않고, 우주에 있는 물질과 에너지에 따라 달라진다. 이러한 의존성을 보여주는 것이 아인슈타인의 유명한 장 방정식(field equation)이다. 장 방정식은 '기하학적인 장'(이것은 물리적으로 중력장에 대응한다)이 우주에 있는 물질과 에너지 분포에 의해 어떻게 달라지는지 상세하게 서술한다. 이 의존성의 결과는 시공간이 더 이상 '평평'하지 않고 '휘어' 있다는 것이다.

시공간이 휘어있다는 아이디어는 시간 개념에 근본적인 영향을 미친다. 아인슈타인의 장 방정식에는 여러 가지 해(解)가 있고, 여기에서 여러 가지 시공간이 나온다. 이들 중 많은 것들에서 4차원 시공간은 휜 3차원 공간을 켜켜이 '쌓아' 놓은 것으로 볼 수 있고, 이렇게 쌓여 있는 한 켜는 시간의 '계기(moment)'로 볼 수 있다. 이런 의미에서, 4차원 시공간은 3차원 공간의 역사라고 생각할 수 있다. 4차원 시공간에서 일어나는 사건들은 그것들이 위치하는 3차원 공간의 꼬리표에 따라 시간 순서를 정할 수 있다. 이런 면에서 상황은 뉴턴 물리학과 비슷하다.

그러나 일반상대성의 핵심적인 특징은 4차원 시공간을 3차원 공간의 층들로 나누는 방식이 유일하지 않다는 것이다. 빛이 한 층에서만 돌아다닐 수 없도록 나누기만 하면, 거의 어떤 방식이든 허용된다. 여기에서 핵심 아이디어는, 빛보다 빠르게 달리는 것은 없으므로 시간이 지남에 따라 모든 요소는 한 층에서 다른 층으로 옮겨가야 한다는 것이다.

4차원 시공간을 3차원으로 나누는 이 모든 방식들이 시간의 순서를 결정하는 다른 방식을 만든다. 어떻게 나누는 것이 허용가능한지, 그리고 그러한 방식에서 잘 정의된 시간이 나오는지는, 시공간의 기하에 의존하며 따라서 우주의 물질 분포에 따른다. 이런 상황은 뉴턴물리학의 고정된 보편 시간과는 아주 동떨어져 있다.

양자중력의 시간 문제

양자중력에서 시간의 중심적인 면은 앞에서도 강조했듯이, 일반상대성에서 시간의 눈금을 매기는 방식이 시공간의 기하 (geometry)에 의존한다는 점이다. 그러나 양자중력이론(이것은 일반상대성과 양자론을 결합한 것이다)에서 시공간의 기하는 앞에서 살펴본 것과 같은 양자적 특징을 가지고 있어야 한다. 따라서 시공간의 기하는 확정된 값을 갖지 않고 확률적으로만 결정된다. 그러나 시공간 기하가 확정된 값을 가지지 않는다면 시간을 합당하게 도입할 방법이 없다. 0이 아닌 확률로 일어날 수 있는 어떤 시공간 기하에서든, 사건들에 시간 순서를 매길 균일한 방식을 정할 수가 없게 된다.

'정준(canonical)' 양자화 프로그램이라고 알려진 것을 세밀하게 연구하면 이런 점이 확인된다. 사실 3차원 기하에서는 확률적 분포 같은 어떤 것이 있지만, 여기에 시간 눈금은 없다! 이 기묘한 상황을 양자중력의 시간 문제라고 부른다.

현실적으로, 정준 양자중력에 대한 연구는 대개 '내부 시간'이라는 개념에 의존한다. 중력장의 일부를 국소적 시계로 해서 확률적 분포를 가지는 중력장의 나머지 부분에 대해 시간을 지정하는 것이다. 이러한 시간에 대한 관계적 관점은 매력적이기는 하지만 난점도 몇 가지 있다. 특히 (i) 양자론에 적합한 동역학 방정식이 나오도록 내부 시간을 선택할 수 있는가? (ii)그러한 선택이 여러 가지가 가능하다면, 각각의 선택에서 나오는 예측들끼리 물리적 의미를 가지도록 연결할 수 있는가?

불행하게도 이 질문에 대해 '그렇다'(또는 적어도 '거의 그렇다')는 답을 예상하는 것은 좋지 않다. 증거에 따르면 동역학 방정식들은 표준 방정식과 엇비슷하게만 일치하는 듯하다. 이 포멀리즘에서는 '시간'이라고 부를 만한 것이 아주 거친 방식으로만 나타난다. (아마 기체운동론에서 온도나 압력의 개념이 나오는 것과 비슷할 것이다.) 따라서 확률적 구조가 이론의 근본적인 성분이 될 수 있는지에 대해 심각하게 의심하게 되고, 이 양자 포멀리즘이 양자중력에 적합한가에 대해서는 전체적으로 의심을 하게 된다. 또한 시범적인 계산에 따르면, 내부 시간을 다르게 선택할 때 다른 종류의 확률 분포가 나올 수 있다. 또 배경 시공간 기준계가 없을 때 다른 결과들을 물리적으로 어떻게 비교해야 할지도 알기 어렵다.

이런 상황에서 우리는 두 가지 다른 시간 개념인 시점 논리('존재')의 시간과 동역학('되어감')의 시간에 어떤 일이 벌어지는지 궁금해진다! 이런 질문에 대답하기 위해서는, 양자론 자체의 기본적인 아이디어를 크게 손보아야 하지 않을까 하는 것이 필자들의 견해이다.

제르반과 시간의 창조

세상을 살다 보면 먹구름 속에서 햇빛이 보이기도 하듯이, 양
자중력에서 시간 개념에 낀 먹구름 속에서 우주 창조 이론을 찾
을 가능성도 있다. 이런 이론은 우주의 기원을 설명하고, '시간의
기원'이라는 돈 키호테적인(비현실적인) 개념까지 다룬다. 이런
이론으로 가장 유명한 양자우주론은 짐 하틀(Jim Hartle)과 스티
븐 호킹(Stephen Hawlcing)이 내놓은 것이다.

고대 문명들은 '시간의 기원'이라는 문제를 놓고 고심했다. 예
를 들어 고대 페르시아의 조로아스터교는 태초의 신 제르반
(Zerban, 그림 4)을 생각해냈다. 이 신은 시간이 시작되기 전에
홀로(ευριση) 존재했다. 그는 외로웠고, 동반자가 있으면 좋겠다고
생각했다. 그는 혼자였기 때문에 자신을 희생시켜야만 아들을 낳
을 수 있었다. 하지만 그는 이 일이 잘 될지 의심했고, 이 의심에
서 결국 다른 아들 아리만[11](부정[negation]의 원리)이 먼저 태어
났다. 나중에야 제르반이 원했던 좋은 아들 오르마즈드[12]가 태어
났다.

공정한 제르반은 첫 아들 아리만에게 한동안 지배를 맡겼지

---

11) 아리만(Ahriman)은 고대 조로아스터교에서 어둠과 거짓의 세계를 지배한다
는 악신이다.
12) 오르마즈드(Ohrmazd)는 고대 페르시아 신화에 나오는 전지전능한 창조의 신
이다.

그림 4 ● 제르반 신(神)

만, 아리만은 선의 힘인 오르마즈드에 의해 극복되어야 한다고
선언했다. 제르반은 이 극복의 전쟁터를 마련하기 위해 세계를
창조했고, 전쟁이 진행될 수 있도록 '시간'을 창조했다. 이 신화
에는 본질적으로 악(이것은 어떤 방식으로든 물질 세계와 연결된

다)은 고귀한 영적 존재의 의심에서 나온다는 생각이 들어있으며, 이런 생각은 그노시즘[13]에도 나타난다.

흥미롭게도 제르반의 모습에는 휘감으며 위로 올라가는 나선형 모양이 나온다. 나선과 동역학에 대해 앞에서 말한 것을 염두에 둘 때, 이로써 고대 페르시아 사람들이 두 가지 시간을 알았음에 틀림이 없다!

결론

물리학에서는 시간의 용법이 크게 두 가지가 있다고 논했다. 하나는 시점 논리로 '존재'의 점을 표시하고, 또 하나는 동역학 방정식의 매개변수로 '되어감'을 가리킨다.

동역학에 무관한 방식으로 시점 논리의 아이디어를 완전히 구현하려면 물리학의 역사 포멀리즘이 필요하고, 고전적인 경우에서 이것이 일어날 수 있는 방식을 간략하게 설명했다. 이론물리학에서는 시간 개념의 표현에 사용하는 적절한 수학적 구조를 찾는 것이 핵심적인 질문이다. 특히 실수는 존재의 점을 표시하여

---

13) 그노시즘(Gnosticism)은 영지주의(靈智主義)라 불리며, 헬레니즘 시대에 유행했던 종파의 하나다. 기독교와 유대교, 동방의 종교, 점성학 등과 그리스·이집트의 다양한 철학사상이 융합되어 나타났다. 육체는 부정하고 영혼은 긍정적으로 바라보며 개인적인 깨달음에 의한 구원, 그리고 극단적인 선악 이원론의 특징을 가진다.

순서를 매기는 변수로 나타나고, 또 동역학에서 미분학과 미분방정식 이론을 사용하면서 되어감의 변수로 나타난다. (극한 과정을 통해) 미분을 정의하는 표준적인 방식은 어쩔 수 없이 두 가지 시간 개념을 뒤섞는다. 그러나 실수의 모형에는 진정한 무한소를 허용하는 것도 있고(특히 종합적 미분기하), 이것은 수학적으로 두 가지 시간 개념을 분리하는 방법을 제공한다.

그 다음에는 양자중력의 시간 문제라는 심오한 질문을 간략하게 논했고, 우리가 보통 '시간'이라고 부르는 개념이 근본적인 개념이 아니라 사물을 어떤 방식으로 거칠게 다룰 때만 나타나는 피상적 개념일 수 있다는 가능성에 대해 말했다. 이런 식의 아이디어에서 우주의 기원을 설명하는 양자적 이론이 나올 수 있고, 특히 시간의 '시작'에 대한 이론이 나올 수도 있다.

전체적으로 이 장에서는 물리학, 수학, 철학, 신학, 시각예술, 페르시아의 그노시즘을 소개했다. 이 장이 아무것도 설명하지 못했다고 해도, 첫머리에 말한 대로 시간이 학제적 성격의 관심사임은 보여주었을 것이다.

· Corbin, H., 'Cyclical time in Mazdaism and Ismailism', in *Man and Time: Papers fom the Eranos Yearbooks 3*, Princeton, NJ: Princeton University Press, 1973.

· Eliade, M., *The Myth the Eternal Return*, Princeton, NJ: Princeton University Press, 1974.

· Gish, N. K., *Time in the Poetry of T.S. Eliot*, London: Macmillan, 1981.

· Isham, C. J., 'Creation of the Universe as a quantum tunnelling process', in *Our Knowldge of God and Nature: Physics, Philosophy and Theology*, ed. R. J. Russell, W. Stoeger and G. V. Coyne, pp. 374-408, Notre Dame: University of Notre Dame Press, 1988.

· Isham, C. J. and Butterfield, J. B., 'Spaced time and the philosophical challenge of quantum gravity', in *Physics Meets Philosophy at the Planck Scale*, ed. C. Callender and N. Huggett, pp. 33-89, Cambridge: Cambridge University Press, 2000.

· Savvidou, K. N., 'The action operator in continuous time histories', *Journal of the mathematical Physics* 40(1999), 5657-5674.

· Whitehead, A. N., *Concept of Nature*, Cambridge: Cambridge University Press, 1978.

2장 도판 1 ● 18세기 인도 서부에서 발견된 천에 그려진 그림. 계보의 개념이 나타난다(본서 68, 71쪽 참조).

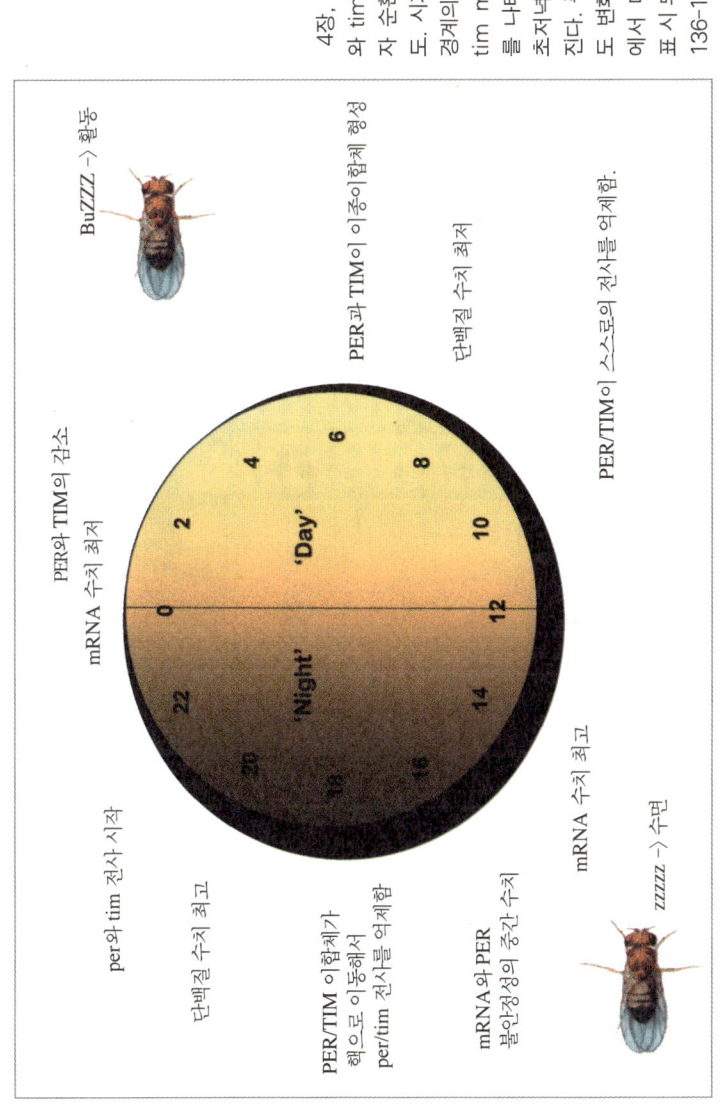

4장, 도판 1 ● per와 tim mRNA의 분자 순환과 단백질 농도. 시계 둘레의 검은 경계의 두께는 per와 tim mRNA의 농도를 나타내며, 이것은 초저녁에 가장 높아진다. 주요 분자의 농도 변화가 하루 주기에서 대략의 위치에 표시되어 있다 (본서 136-141쪽 참조).

BuZZZ → 활동

PER와 TIM의 감소

mRNA 수치 최저

per와 tim 전사 시작

단백질 수치 최고

PER과 TIM이 이중으로 함께 형성

단백질 수치 최저

PER/TIM이 스스로의 전사를 억제함.

PER/TIM 이합체가 핵으로 이동해서 per/tim 전사를 억제함

mRNA와 PER 불안정성의 중간 수치

mRNA 수치 최고

zzzzz → 수면

'Day'

'Night'

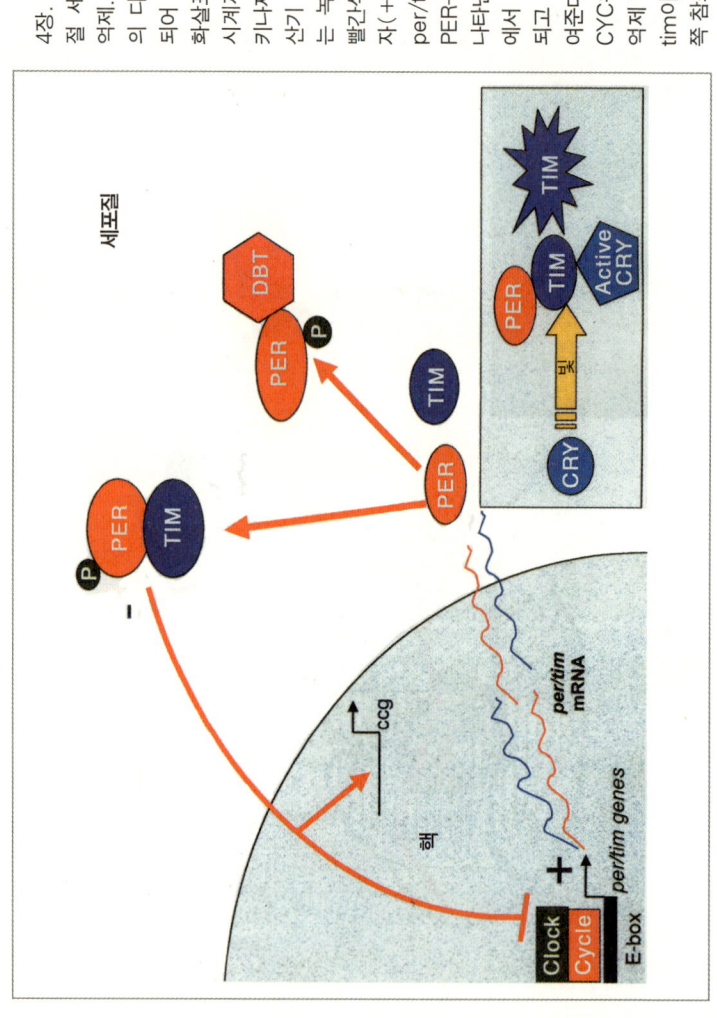

4장. 도판 2 ● 초파리 섬유조절 세포 속의 PER-TIM 자가 억제. 24시간 생체 시계 드라마의 다양한 분자 배역들이 설명되어 있다. 유전자는 검은 선과 화살표로 나타나 있다. ccg는 시계제어 유전자를 가리킨다. 가나제 DBT에 의한 PER의 인산기 추가는 문자 P가 적혀 있는 녹색 동그라미로 표현된다. 빨간색 화살표는 활성 전사 인자(+) CLOCK-CYC 금지와 per/tim 전사가 억제 인자(−) PER-TIM에 의해 막히는 것을 나타낸다. 확대된 그림은 해속에서 빛에 의해 CRY가 활성화되고 TIM이 파괴되는 것을 보여준다. 이렇게 해서 CLOCK-CYC위의 PER-DIM 이합체의 억제 효과가 나타나서 per와 tim이 억제된다(본서 136-141쪽 참조).

세포질

DBT

PER

P

PER
TIM

TIM

PER

P

PER
TIM

ccg

per/tim mRNA

per/tim genes

핵

Clock
Cycle

E-box

CRY

빛

PER

TIM

TIM

Active CRY

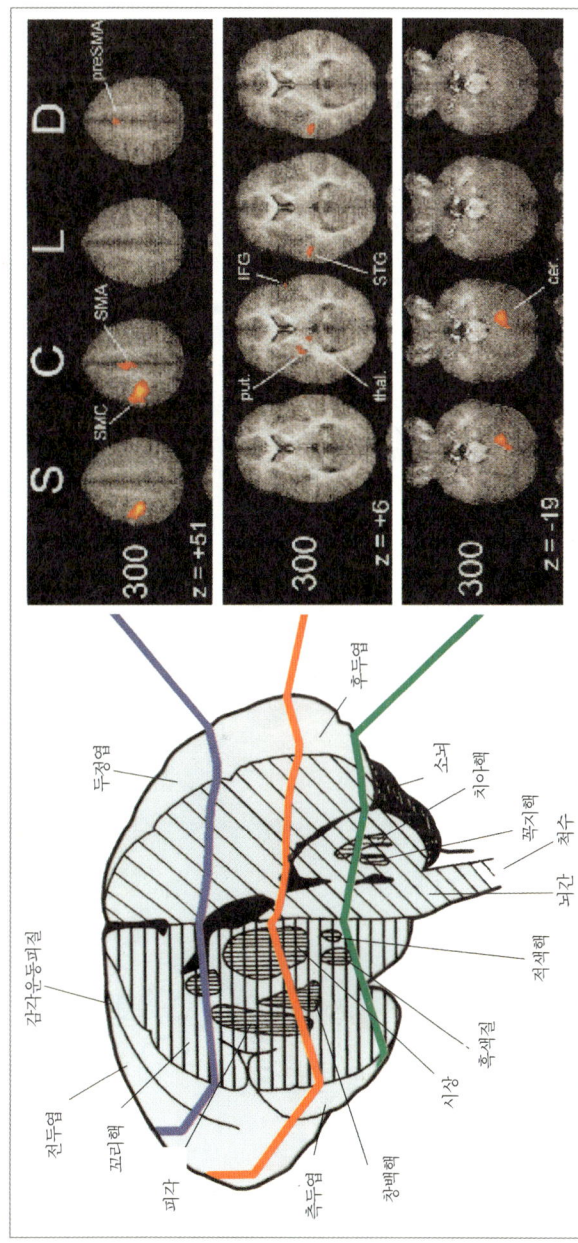

5장 도판 1 ● 메트로늄에 따라 박자를 맞출 때와 메트로늄을 끄고 계속할 때에 뇌 활성. 조건에 따라 뇌의 수평 단면(높이 z가 낮아지는 순서)예 주황/빨강으로 활성화 부위를 표시했다. S: 메트로늄에 박자를 맞출 때, L: 메트로늄 소리를 듣기만 할 때, D: 소리의 음정을 구별할 때 SMC: 감각 운동 피질, SMA: 보조 운동 영역, preSMA: SMA 앞쪽의 피질, put: 피각, thal.: 시상, 축색길, cer: 소뇌(본서 176쪽 참조).

2. 고대 인도의
직선적 시간과 순환적 시간

로밀라 타파

서론

전통적인 인도의 시간 개념은 순환적이어서 다른 모든 형태를 거부하고 끝없는 순환이 되풀이된다는 것이 지난 200년 동안의 정설이었다. 이것은 본질적으로 직선적인 유럽 문명의 시간 개념과 대조된다. 이 주장에는 순환적 시간에 역사 감각이 존재하지 않는다는 생각이 암암리에 배어 있고, 이런 생각은 인도 문명이 비역사적이라는 이론에 기여했다. 대개 역사 의식에는 직선적 시간이 필요하다고 보며, 시간은 시작과 종말을 잇는 화살처럼 이동한다고 본다. 따라서 시간 개념은 역사와 뒤얽혀 있다.

인도를 연구하던 유럽의 초기 학자들은 산스크리트 문헌에서 인도 역사를 찾아보았지만 역사라고 여길 만한 것을 발견하지 못했다. 한 가지 예외는 12세기에 기록된 카슈미르(Kashmir) 지역의 역사인 칼하나[1](Kalhana)의 라자타랑기니(Rajatarangini)이다. 이것은 대단히 인상적인 근대 이전의 지역사이다. 사실 다른 지역에도 연대기들이 있지만 라자타랑기니만큼 뛰어나지는 않다. 이 연대기들은 대부분 무시되었었다. 우선 유럽 학자들에게 잘 알려지지 않아서였거나, 혹은 인도 문명에 역사가 없다고 말하기

---

1) 칼하나(Kalhana)는 12세기경 카슈미르 지역의 명망 높은 작가로, 1147년에서 1149년 사이에 카슈미르 서서시인 '라자탕기니'를 썼다. 그는 카슈미르의 첫 번째 역사가로 알려져 있으며, 라자탕기니는 인도사 연구를 위한 중요한 사료 중 하나로 꼽힌다.

위해서 무시되었다가 나중에 오리엔탈리스트라고 불리게 될 학자들에 의해 '발견' 되었을 수도 있다.

어떤 학자들은 직선적 시간의 실마리가 들어있는 문헌도 있다고 말했지만, 지배적인 견해는 순환과 직선의 이분법을 내세워 인도의 시간 개념이 순환적이라고 하는 것이었다. 이런 견해의 또 다른 면에는 수백만 년이나 되는 엄청난 순환의 길이에 대한 비웃음이 숨어있다. 18세기 아일랜드 주교 어셔(Usher)가 우주의 나이를 6000년이라고 계산한 것을 본 사람들에게, 인도 문헌에 나오는 시간의 길이는 터무니없어 보였다. 그러나 우주가 수백만 년 동안 존재했다는 사실이 지질학에서 밝혀지자, 이 허풍은 곧 혹스러운 문제가 되었다.

일반적인 설명에 따르면, 이렇다 할 시작점이나 끝점이 없이 무한히 반복되는 인도의 순환적 시간에서는 신화와 역사가 분화될 수 없고, 역사의 전제 조건이라고 할 사건의 유일성이 보장되지 않는다. 반복되는 순환에서는 같은 사건이 계속 되풀이되기 때문에, 인간의 노력은 하등 중요할 게 없어진다. 순환의 기간이 어마어마하게 긴 이유는 우주가 환영(幻影)이라는 것을 강조하기 위해서라고 한다. 인도의 역사적 사건들이 '진보'를 향해 간다는 가능성은 어디에도 없다. 진보를 19세기 역사학의 중심 주제로 내세웠던 유럽 학자들은 인도의 과거에 대해 연구할 때 여전히 이런 선입관을 가지고 임한다.

이러한 선입관은 아시아, 특히 인도에 적용되었다. 그리하여 아시아는 유럽과 다르다는 정도를 넘어서 본질적으로 유럽과 대비되어, 아시아는 유럽의 '타자'가 되었다. 칼 마르크스(Karl Marx)와 막스 베버(Max Weber)가 아시아의 정치경제나 종교를 이해하기 위해 대조되는 패러다임을 찾은 반면에, 미르치아 엘리아데(Mircea Eliade)[2] 같은 소수의 사상가들(특정 집단에 영향력이 있는 사람들)은 인도의 시간 개념이 영원히 되풀이되는 신화이기 때문에 역사를 배제한다고 말했다.

달력이 역사 연대기에 필수적이듯이 시간은 우주론과 종말론에 필수적이다. 사실 고대 인도 문헌에는 역사적 연대기와 역사 감각이 분명히 존재하며, 이 문헌들에는 최소한 두 가지 시간 개념이 들어있다. 순환적인 시간 개념은 우주론의 구성에 자주 나타나고, 직선적인 시간 개념은 고대 인도의 전통이 과거와 연관되어 있다는 것을 명백히 보여준다.

나는 순환적 시간과 직선적 시간처럼 분명하게 다른 두 가지 시간 개념이 서로 무관하지 않다고 논할 것이다. 이 둘은 각각의 기능을 가지며, 둘이 교차할 때 더 풍부한 의미를 가지게 된다. 고대 인도에서 순환적 시간과 직선적 시간을 어떻게 사용했는지 보여주면서, 두 가지 시간관이 동시에 나타나기도 하지만 여러

---

2) 미르치아 엘리아데(Mircea Eliade, 1907~1986)는 루마니아 태생의 미국 종교학자이자 문학자이다. 종교사, 비교종교학, 샤머니즘에 관한 많은 저술을 남겼다. 주요 저서로는 『샤머니즘』 『성과 속』 『세계종교사상사』 『우주와 역사: 영원회귀의 신화』 등이 있다.

가지 목적을 가지고 다양한 형태로 인지되었다는 것을 설명할 것이다. 때때로 이런 형태들의 교차는 서로의 의미를 강화했다. 역사가로서 나의 전망은 과거의 인지에 관련된 문헌을 통해 이런 형태와 교차의 양상을 살펴보는 것이다.

시간의 측정

시간의 개념은 시간 측정에 영향을 받는다. 시간을 헤아리는 방법은 지상에서 계절이 바뀌면서 다양하게 변하는 풍경에 맞추어 만들어졌다. 인도 문헌에서 기원전 1세기에서 10세기 사이에 언급되는 쿠루(Kuru) 씨족의 영웅들은 건기에 소떼 사냥을 나가서 비가 오기 직전에 잡은 소떼를 데리고 돌아온다. 계절에 따라 셈하는 시간은 의식의 시간이라고 불릴 만한 것에도 잘 어울린다. 가족 단위의 의식은 개인적이고 주로 통과 의례에 중심을 두지만, 정교한 계절 의식은 수많은 친족과 씨족 구성원들에게 호소력을 가진다. 희생 제단은 시간을 상징하고, 의식은 시간을 통한 재생을 의미한다고 말하기도 한다.

이러한 시간 셈법과 별도로 하늘에 대한 더 정교한 측정을 바탕으로 한 셈법도 있었다. 이러한 셈법은 하늘에서 가장 잘 보이는 두 천체인 태양과 달, 그리고 별자리를 관찰하여 구성된다. 기원전 5세기쯤에는 이런 관찰로 다음과 같은 주기들이 성립되었다. 음력의 하루 길이는 티시(tithi)이고, 이것을 여럿으로 나눈 것이 무흐르타(muhurta)이며, 달이 차고 기우는 동안인 보름은 파크샤(paksha)이며, 음력의 한 달은 마사(masa)이다. 태양에 대한 관찰에서는 더 긴 기간인 하지와 동지(또는 그 반대) 사이, 즉 우타라야나(uttarayana)와 다크시나야나(dakshinayana)가 나왔다. 음력과 양력의 뒤얽힘은 오늘날까지도 축제의 날짜를 결정하는 계산법에 남아있다.

나중에는 그리스 천문학의 영향을 받으면서 약간의 변화가 일어났다. 인도와 그리스 문명권의 왕국들은 인도 아대륙의 북서부에서 인접해 있었고, 인도 서해안, 홍해 연안, 동지중해 연안 항구들의 해상 무역으로도 연결되어 있었다. 이 연결을 통해 항해에 관련된 지식도 교류되었다. 알렉산드리아는 이러한 활동의 중심이었고, 여기에서 그리스어로 된 천문학과 수학 문헌이 산스크리트어로 번역되었다.

인도 천문학자 바라하미히라(Varahamihira, ?~587)[3]의 언급에 따르면, 야바나스(Yavanas, 그리스인을 비롯한 서아시아에서 온 사람들)는 사회적으로 지위가 낮고 카스트의 울타리 밖에 있었지만, 천문학과 점성술 지식 때문에 예언자(rishis)로 존경받았다고 한다. 200년쯤 뒤에 바그다드의 하룬알라지드 궁전에 상주한 인

---

3) 바라하미히라(Varahamihira, ?~587)는 인도의 천문학자 · 철학자 · 수학자로 우자인에서 출생했다. 이집트 · 그리스 · 로마 · 인도 천문학의 해설서인 『다섯 편의 천문학 논문』을 집필했다.

도 학자들은 인도에서 발전된 수학과 천문학 지식을 아랍에 전했다. 그 중에서 가장 널리 알려진 예가 인도 숫자와 영의 개념이다. 이때쯤 인도의 천문학은 태양력에 행성의 운동을 점점 더 많이 도입하고 있었다.

순환 속의 순환

이러한 변화를 반영하기에 충분할 정도의 큰 시간 단위로 유가(yuga) 개념이 채택되었다. 처음에 이것은 5년 주기였으나 점점 더 커져서 엄청나게 확장되었다. '한데 묶는다'는 말에서 나온 이 단어는 행성들이 같은 황경(黃經)에 놓이는 것(conjunction)을 뜻한다. 이 유가가 우주론과 순환적 시간의 단위가 되었다. 순환이 엄청나게 긴 시간이 된 것은 아마 사람들에게 경외감을 주기 위해서였을 것이다.

가장 긴 주기인 칼파(kalpa, 겁(劫))는 무한하고 측정 불가능하다. 이 주기는 천지창조로 시작되어 최후에 세계가 파괴될 때까지 지속된다. 이것은 어떻게 인지될까? 어떤 사람들은 칼파를 공간적으로 표현한다. 시간적으로는 이 주기를 설명할 수 없기 때문이다. 흥미롭게도 이런 설명은 정통 브라만교에서 이단으로 여기는 문헌에 주로 나온다. 그리고 불교의 어떤 문헌에서는 칼파에 대해 이렇게 말한다. 정육면체 모양의 산이 있어서 한 변이

5킬로미터이며, 백 년마다 독수리가 비단 수건으로 쓸고 지나가면, 이 산이 다 닳아 없어지는 시간이 한 칼파이다. 아지비카(Ajivika) 교단의 설명도 똑같이 과장이 심하다. 갠지스 강보다 117,649배 큰 강이 있고, 백 년마다 그 강바닥에서 모래를 한 알씩 들어내면, 모래가 전부 없어지는 시간이 한 단위이고, 이것이 3천 번이면 한 칼파가 된다.

'백 년마다' 라고 되풀이해서 언급함으로써 사람이 다룰 수 있는 진짜 시간을 도입하지만, 그 이미지는 본질적으로 공간적이다. 이렇게 긴 시간은 측정이 불가능하며, 굳이 측정하려고 하면 시간을 부정하게 된다. 이렇게 한도를 넘는 시간을 상정한 것은 역사적 시간을 의식하고 있는 사람들이 저지른 의도적인 위반이다. 문자 그대로 말하면, 비단 수건은 금방 썩어 없어질 것이다. 그리고 누가 흐르는 강의 밑바닥에서 모래알을 들어낼 것인가?

그러나 당시의 천문학자들은 시간이 무한하다고 보지 않았기 때문에, 칼파의 시간적 길이를 제시한 것이다. 이것은 43억 2천만 년으로, 그들의 계산으로는 충분히 큰 값이다. 또한 우주론에서도 이와 똑같은 값이 있었고, 거대한 순환인 마하 유가 단위로 시간을 측정해야 한다는 이론에 사용되었다. 이것은 브라만 문헌에서 낯익은 순환적 시간 이론의 하나이다. 따라서 시대와 순환의 길이에서 우주론과 천문학의 접점이 있었다. 천문학이 우주론에서 이 값을 빌려 왔는지 그 반대인지는 불명확하다. 아마 우주론이 천문학을 빌려와서 신빙성을 높이려고 했을 것이다. 천문학에서는 후대에 때때로 이것과 다른 값을 사용하면서 우주론과의 차이가 분명해졌다.

한 마하 유가 또는 거대 순환에는 유가라고 부르는 네 개의 작은 순환이 있는데, 이 작은 순환들은 길이가 각각 다르다. 거대 순환을 설정하고 순환 이론을 지지하는 배후의 패턴을 살펴보면 무엇이 시간을 조절하는지 어렴풋이 알 수 있다. 어떤 이론에서는 시간이 우주를 조절한다고 한다. 네 시대는 다음과 같은 순서로 진행된다. 첫 번째인 크리타(Krita) 또는 사트야(Satya)는 4000년 동안 지속되며 앞뒤로 400년씩의 중간 기간이 있다. 그 다음에 오는 트레타(Treta)는 3000년 동안 지속되며 앞뒤로 300년씩의 중간 기간이 있다. 그 다음에 오는 드바파라(Dvapara)는 2000년 동안 지속되며 앞뒤로 200년씩의 중간 기간이 있다. 그 다음에 오는 칼리(Kali)는 1000년 동안 지속되며 중간 기간이 앞뒤로 100년씩이다. 여기에 쓰인 1년은 성스러운 1년이어서, 인간의 기준으로는 360년에 해당한다. 앞에서 말한 기간을 모두 합해서 성스러운 해로 12000년에다 360을 곱한 숫자가 한 주기가 되는 것이다. 따라서 거대 순환은 4,320,000년이 된다.

이것은 432라는 값에 영을 덧붙이는 놀이이다. 이러한 숫자의 환상은 당시에 발견된 0의 쓰임새에 대한 열광일까? 순환의 개념은 영혼(카르마[Karma]와 삼사라[samsara])[4]의 반복되는 재탄생이라는 개념을 강화하며, 많은 교단이 똑같이 이런 믿음을 가지고 있었다. 네 시대의 이름은 주사위 던지기에서 비롯되었고, 따라서 시간에 우연의 요소가 들어온다. 현재의 칼리 시대는 손실의 시대이다. 계산에 따르면 칼리 유가는 기원전 3102년에 시작되었다. 이 시대는 인간의 단위로 5000년밖에 되지 않았기 때문에 파국적 종말이 올 때까지 앞으로도 오랫동안 타락의 세월이 이어질 것이다. 규모로 보아, 인간의 수명은 아침 해에 스러지는 풀잎 끝의 이슬과 같다고 말하기도 한다.

네 순환의 길이가 점점 짧아지는 것은 순서적인 수 체계가 적용되었음을 암시한다. 7, 12, 432 등의 숫자는 마법적인 수로 간주되는데, 당시의 다른 문화에도 비슷한 예가 나타난다. 순환의 길이가 다르기 때문에 사건이 완벽하게 반복될 수는 없고, 따라서 유일한 사건이 가능하다. 원은 처음으로 돌아오지 않고 더 작은 원으로 되돌아온다. 이러한 원의 연속성은 나선, 파동 또는 그리 곧지 않은 직선으로 펼쳐질 수 있다. 이것을 순환이라고 보아야 할지 시대로 보아야 할지에 대해서는 논의의 여지가 있다. 시간이 한 번 순환할 때마다 살아가기 좋아지거나 나빠지는데, 이것은 불교의 칼라차크라(Kalachakra) 즉 시간의 수레바퀴와도 같다. 황금 시대로 돌아가려면 이 순환을 끝내야 한다.

각 시대의 길이가 줄어드는 것은 수학적인 패턴만을 따르지는 않기 때문이다. 여기에 따라 다르마(dharma)도 감소한다고 하는

---

4) 힌두교와 불교의 맥락에서, 카르마는 '업(業)'이나 '인과응보'의 의미이며 삼사라는 '윤회'를 의미한다.

데, 이것은 가장 높은 카스트인 브라만에 의해 공식화된 사회적이고 윤리적이고 성스러운 서열이다. 첫 번째이자 가장 긴 유가는 황금 시대이지만, 각 시대마다 조금씩 나빠져서 현재의 칼리 시대에 타락이 정점에 이른다. 타락의 징후는 쉽게 알 수 있다. 사람은 결혼을 해야 자손을 낳을 수 있게 되고, 사람은 더 이상 어른인 채로 태어나지 않는다. 사람의 몸집도 점점 작아지고, 수명이 크게 줄어들며, 노동을 해야 살아갈 수 있게 된다. 또 이단적이고 바르지 못한 사람들이 많아진다. 이러한 타락은 여러 문화의 시간 개념에서 나타나는 전형적인 모습이다.

다르마의 감소는 황소로도 비교되는데, 이 황소는 첫 번째 시대에 네 발로 서 있다가 시대가 지나면서 다리가 하나씩 떨어져 나간다. 한 시대와 다음 시대에는 본절적인 변화가 있다. 칼리 시대에 내재한 타락은 사회 규범을 지배하는 카스트 계층이 뒤집어진다는 데도 나타난다. 낮은 카스트가 상위 카스트의 지위와 기능을 차지하고, 이전까지는 할 수 없었던 의식의 집전까지 행하게 된다. 이것은 한편으로 예언이기도 하지만, 규범에 대한 도전이 거센 현재의 변화하는 상황에 대한 공포이기도 하다. 따라서 크샤트리아나 귀족 카스트가 아니라 낮은 카스트인 수드라 또는 카스트 외부 사람이 쉽게 높은 지위로 올라갈 수 있다. 그들은 타락한 카스트라고 불리기도 하지만, 이렇게 부른다고 그들의 권위가 깎이지는 않는다. 더 나쁜 일은 여자들이 해방되는 것이다. 카스트의 존속에는 여성의 복종이 필수적이기 때문이다. 이것은 진정 거꾸로 선 사회일 것이다.

타락이 극에 달하면 충실한 의지가 언덕으로 날아가서 브라만 칼킨이 오기를 기다린다. 비슈누의 열 번째 현신이라고 알려져 있는 브라만 칼킨은 카스트 사회의 규범을 바로잡을 것이다. 칼킨은 내세불 또는 미륵불에 해당하는 개념으로, 그는 절멸해가는 불교를 되살려서 진정한 가르침을 구원한다. 힌두교, 불교, 조로아스터교 등의 신앙 체계가 인도, 중앙아시아, 동지중해로 확장되면서 서로 밀접하게 접촉했던 시기에, 초기 기독교 시대에 나타났던 구세주의 상이 공통적으로 나타난다는 점이 흥미롭다. 칼킨의 도래(이 책의 중간에 수록된 2장 도판 1을 참조할 것)는 마하유가가 파국적 종말을 맞는 것에 대한 대안으로 읽힐 수 있다. 그는 또 다른 황금시대를 가져오기 때문이다. 역사는 끝나지 않고 시간은 멈추지 않지만, 순환의 길이가 엄청나게 길다는 점에 종말론이 숨겨져 있다.

비슈누 푸라나와 직선적 시간의 범주

칼리 유가는 다양한 문헌에서 자주 언급되는 개념이지만, 자세한 순환 이론은 특별한 문헌에서 왔다. 이런 문헌 중에는 기원전 1000년경에 만들어진 긴 서사시 '마하바라타(Mahabharata)'가 있고, 서력 기원 전후에 성립되어 사회적 의무와 의식을 기록한 '마누 다르마샤스트라(Manu Dharmashastra)'도 있다. 서력 기원 후 몇 세기 동안에 성립되어 구하기 쉽고 인기 있는 종교 문헌인 '푸라나(purana)[5]'도 있다. 이 서사시에 나타나는 순환적 시간에 관한 이론들은 일반적으로 후대에 브라만들이 성스러운 문헌으로 바꿀 때 끼워넣은 것으로 생각된다. 다르마샤스트라도 브라만들의 작품이다. 푸라나 중 많은 것이 음유시인들이 지었다고 알려져 있지만, 사실은 이것들도 브라만 저자들에 의해 크게 편집되었다. 따라서 공통의 저자들이 이 개념들을 지지하고 있는 셈이다.

고대 인도의 역사 문헌들은 윌리엄 존스와 H.H 윌슨 등과 같은 오리엔탈리스트들의 연구와 번역에 의해 현대 이론에 소개되었다. 이 연구들은 영국이 식민 시대 이전의 법, 종교, 관습 등을 이해하기 위해 노력하면서 나온 것이었다. 그러나 이 과정에서 특정한 문헌들이 중요하게 다루어졌고, 이 문헌에 설명된 순환적 시간이 인도의 시간관을 대변하게 되었다. 제임스 밀과 같은 공리주의자들이 인도의 시간 개념을 머나먼 고대의 흉내라면서 폄훼한 것도 이해할 만한 일이다. 하지만 H.H. 윌슨이 자세히 연구하고 번역했던 '비슈누 푸라나(Vishnu Purana)' 같은 문헌들에서 직선적인 시간관을 인지하지 못한 것은 설명하기 어렵다.

---

5) 푸라나(Purana)는 고대 인도의 신화나 전설, 왕조사 등을 산스크리트어로 쓴 힌두교 성전을 못한다.

그림 1 ● 다랑가드라(구자라트)에 있는 궁전 벽에 만든 20세기 벽 장식. 칼리 시대에 비슈누가 백마를 탄 구원자 칼킨의 모습으로 재림하는 것을 표현하였다.

비슈누 푸라나는 칼리 유가 시대에 일어난 일을 자세히 설명하면서 다양한 범주의 직선적 시간을 보여 준다. 이 문헌의 밤샤-아누-챠리타 부분에는 왕조의 계보가 나온다. 이 계보에는 크샤트리아라고 부르는 혈통의 수장들이 100세대까지 기록되어 있다. 이것은 사실의 기록이라기보다 과거를 인지하고 있다는 표현으로 볼 수 있다. 이 계보를 가리키는 밤샤(vamshaa)라는 단어는 대나무의 이름으로 마디가 있기 때문에 이에 어울리는 아주 적절한 상징이다. 이 이미지는 직선성을 강조하며, 세대의 흐름을 나타내는 '세대의 시간'으로 표현된다(이 책의 중간에 수록된 2장 도판 1을 참조할 것). 이러한 과거의 구성은 기원 후 초기 세기들까지 거슬러 올라가고, 이후의 지배자들의 왕권과 지위를 다양한 가설적인 계보를 통해 보여주는 데 사용되었다.

그러나 이 흐름은 연속적이지 않아서, 세대의 시간을 나누는 표지가 있다. 최초의 표지는 대홍수이다. 세계를 휩쓴 대홍수는 계보 이전의 시대와 계보에 기록된 씨족장들을 나눈다. 대홍수 이전의 지배자들은 각각 수천 년씩 지배했다. 홍수 때가 되자, 비슈누 신이 물고기로 현신하여 지배자 마누에게 왔고, 그에게 배를 만들라고 지시했다. 신의 물고기가 뿔로 이 배를 끌어서 홍수를 뚫고 안전하게 메루 산까지 데려다 주었다. 홍수가 끝난 뒤 마누의 후손은 대대로 지배자가 되었다. 이 홍수는 기원전 8세기 문헌에 처음 언급되고, 나중에 푸라나에 자세히 설명된다. 이 이야기는 메소포타미아 전설과 아주 비슷해서, 이 전설을 개작한 것으로 여겨진다.

홍수 이후에는 가설적인 고대의 영웅 또는 크샤트리아의 계보가 나온다. 세대의 계승은 태양과 달의 이름이 붙은 두 집단으로 나눠져서 내려간다. 이것은 이분법과 영원성의 상징으로 신화, 요가, 연금술 등 많은 경우에 사용된다. 태양과 달의 계보는 계승의 형태가 서로 다르게 나타난다. 태양의 계보 또는 수리야밤샤는 장자 상속을 중시하고 장자만의 계승을 기록한다. 따라서 계승의 형태는 수직선을 이룬다. 서사시 라마야나(Ramayama)에서 지위가 높은 가문은 태양의 계보이다. 달의 계보 또는 샨드라밤샤는 분절 체계로 되어있고 계승의 선은 넓게 퍼져 나간다. 체계 안에 모든 아들과 그 아들들이 들어가기 때문이다. 분절 체계의 장점은 기존의 집단에 연결해서 다양한 집단을 쉽게 계보에 통합할 수 있다는 것이다. 또 다른 서사시인 마하바라타(Mahab-harata)에서는 이런 형태로 사회 구조를 형성한다.

태양의 계보는 서서히 사라져 간다. 그러나 달의 계보는 두 번째 시간 표지까지 이어진다. 두 번째 시간 표지는 델리 근처의 쿠르크셰트라에서 벌어진 전쟁으로 마하바라타에 서술되어 있다. 이 시대의 거의 모든 영웅들은 대전투에 연관되며, 그들 중 다수가 전투 후에는 나타나지 않는다. 고대의 영웅과 크샤트리아 귀족의 영광을 중단시킨 이 전쟁은 영웅의 시대와 그 다음에 오는 왕조 시대를 가르는 표지이다. 이 변화를 알려주는 것은, 서사가 과거 시제에서 미래 시제로 바뀌고 예언으로 읽힌다는 것이다. 이때 나타난 점성술은 궁정에서 특히 인기가 있었다.

계보는 세대의 시간을 통합하며, 나는 이것이 직선적 시간 틀 안에 있는 것이라 주장한다. 고대 인도의 역사적 전통이라고 불리는 것에 포함되는 문헌(이티하사 푸라나[itihasa purana])은 과거를 '있는 그대로' 기록했다고 주장한다. 홍수는 신화의 시대와 역사의 시대를 구분하는 것으로 보인다. 홍수 이후에는 분명한 시작이 있고, 전쟁이라는 분명한 종결도 있다. 시간의 화살은 일정하게 세대를 지나 파국적인 전쟁으로 이동한다. 계보는 조작되었을 가능성이 크지만(모든 계보가 그렇듯이), 직선적 시간관이 존재했다는 사실 자체와는 무관하다. 북부 인도의 주요 부분을 다스린 왕조를 기록한 비슈누 푸라나의 다음 절에서도 이런 사정은 마찬가지이다.

다음 절에 나오는 왕조의 서술에는 주로 지배자의 이름만 있고, 해설은 아주 조금씩 붙어있다. 왕의 지배 기간이 기록된 경우도 있어서 직선적 시간 감각을 더해 준다. 이전 부분의 크샤트리아 가문과 달리 왕조는 서로 친족 관계가 없고, 지배자가 크샤트리아 계층인 경우는 드물다. 사실 지배라는 직업은 모든 카스트에 열려 있는 것으로 보이는데, 이것은 규범이 뒤집어진 칼리 유가 시대의 특성이기도 하다. 왕조의 지배자 이름은 그 시대에 대량으로 만들어진 비문으로 확인된다.

연호(era)의 제정

따라서 푸라나에 나오는 지배자의 계승의 이야기에는 세 가지 시간이 있다. 홍수 이전 마누가 지배하던 시대의 시간은 말하자면 우주론적 시간이다. 이것은 거대한 순환 주기조차 넘어서서 거의 시간 이전의 시간에 닿는다. 나머지 두 가지 시간은 인간의 시간으로, 하나는 계보이고 다른 하나는 왕조이다. 여기에서 이른바 역사가 나온다. 역사적 시간으로 향하는 이 움직임은 역사에 더 가까이 연결된 시간 구분 방법인 '연호(era)의 제정'에 대응된다.

역사적 연대기에 사용되는 삼바트사라(Samvatsara)는 분명히 왕의 지배력 확대에서 나왔다. 가장 먼저 나오는 비문인 기원전 3세기 경 라우리아 왕조의 통치자 아소카왕의 비문에는 왕이 된 해부터의 재위 연도가 기록되어 있다. 이것은 역사 기록의 기준점이 될 연호를 제정해야 한다는 압력으로 작용했을 것이다. 가장 먼저 제정된 연호는 기원전 58년을 기점으로 하는 크리타 시대이다. 아주 많이 사용된 이 연호는 나중에 말라바 시대라고 불리게 되지만 비크라마 시대라고 더 잘 알려져 있다. 이 연호가 어디에서 유래했는지에 대해서는 상당한 논란이 있었다. 현재의 정설은 비교적 중요하지 않은 왕인 아제스 1세의 연호라는 것이다. 그러나 이 연호가 현재까지 계속 연결되는 점으로 볼 때, 왕의 즉위가 아닌 다른 사건을 출발점으로 한다고 할 수도 있다. 왕의 즉위를 기준으로 하는 연호는 왕조가 끝나면 영향력을 잃게 마련이다. 이 연호는 천문학에서 유래했을 수도 있는데, 천문학의 중심지인 우자인이 말라바스의 영토였기 때문이다.

그 후에도 여러 가지 연호를 출발시킨 역사적 사건이 있어서 기원후 78년의 샤카 시대, 248-249년의 체디 시대 등이 나타났고, 이러한 연호들은 대개 왕의 즉위를 기념해서 만들어졌다. 이들 중 많은 연호가 큰 왕국을 짧게 지배한 왕이 제정한 것이었다. 1075년의 찰루카-비크라마 연호의 제정은 찰루카 왕 비크라마디트야 6세가 최고의 지배자라고 선포했을 뿐만 아니라 그의 왕위 찬탈을 정당화하는 데도 이용되었다. 연호의 제정이나 폐기는 정치 행위가 되었다. 연호의 연속성은 달력의 연속성뿐만 아니라 그 시대가 중요하게 여긴 것을 가리킨다. 연호를 시작하고 유지하는 일은 역사에 대한 관심이 있어야 가능하기 때문이다.

왕조의 역사만이 연호 제정의 기준이 되는 것은 아니다. 부처가 죽은 해를 기준으로 연대를 세는 마하파리니르바나(maha-pari-nirvana, 불기)는 불교 세계의 흐름이 되었다. 여기에 주로 사용되는 연도는 기원전 486년 또는 483년이지만, 최근에 어떤 학자들은 이 연도를 100년쯤 앞으로 당겨야 한다고 주장한다. 어쨌든, 여기에서 중요한 것은 불교 문헌들이 부처가 죽은 해(특정한 불교 교파 안에서 확정적인 연대로 계산된다)를 기준으로 연대가 기록되어 있다는 것이다.

불교 연대기는 그들이 역사적으로 중요하다고 간주하는 것들만 기록하고 해설함으로써 시간과 역사에 관심을 나타낸다. 예를 들어, 불교의 교단 또는 상가(Sangha)의 역사는 창시자인 고타마 붓다에서 시작한다(그림 2). 불교 교단과 국가의 관계, 부파의 설

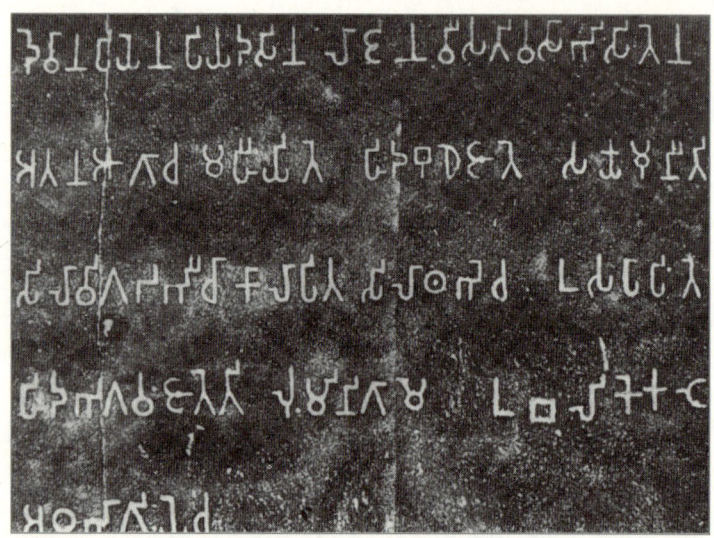

그림 2 ● 부처의 탄생지를 기록한 루민데이 비문. 이 비문이 새겨진 기둥은 기원전 3세기에 마우리아 왕조의 아쇼카 왕의 명령으로 세워졌다.

립과 이것들을 이끈 사건들, 토지 기증의 기록, 재산과 투자, 수도원의 창건과 수도원 규율에 관한 일, 이 모든 것들이 다양한 방식으로 직선적 시간 안에 묶여 있다. 불교의 달력에는 부처의 일생과 교단의 역사에 있었던 일들이 나타난다. 이 연대기는 직선적 바탕을 가지지만, 예를 들어 칼라차크라 또는 시간의 수레바퀴 같은 순환적 시간 개념 위에 놓여 있다. 이것들은 푸라나와 별도로 자신만의 복잡성을 가진다. 이런 사정은 불교가 아닌 다른 종교에도 나타난다. 기원 후 1세기에서 10세기 사이에 자이나교도 동일한 기록을 유지했다. 이 기록은 정당성을 강화하기 위해 일관성 있는 역사를 포함한다. 이러한 역사들은 문자 그대로 언제나 올바른 사실을 기록하려는 의도로 쓰이지 않았고, 오늘날 그렇게 받아들일 수도 없다. 이 기록들은 그 시대의 사회 · 문화적인 숙어로 해독되어야 한다.

왕조의 연대기와 지역의 역사

고대 인도에 역사 연대기가 존재하기 위해서는 역사적 시간이 있어야 하며, 이것은 다양한 지배자들과 관료들이 만든 비문으로 나타난다. 이런 기록들은 아주 짧기는 하지만, 왕조의 역사를 잘 설명해주고 있다. 토지의 권리와 양도를 증명하는 법적인 문서도 있는데, 거기에 기록된 연대의 정확성은 문서에 더 큰 권위를 부여한다. 성직자에 대한 토지나 재산의 기증은 기증자를 기리기 위해 중요한 사건으로 기록되었다. 기증에 관련된 비문은 사건에 대한 점성가의 자세한 계산과 함께 기록되었다. 다른 종류의 기증에도 정확한 날짜가 기록되었다. 이러한 정확성 덕분에 우리는 비문의 날짜를 그레고리 력으로 환산할 수 있다. 고대 인도의 수많은 역사 연대기는 이러한 날짜 계산을 바탕으로 세워졌고, 인도를 연구하는 학자들은 이것들을 세심하게 알아냈다. 그러나 이 학자들이 연대기의 뼈대를 넘어서 날짜 체계에 숨어있는 시간 개념을 찾아내려는 노력을 거의 하지 않은 점이 도리어 흥미롭다.

그림 3 ● 안드하바감에서 나온 토기 안에서 발견된 구리판과 반지도장

　지배 기간의 공식적인 사건 일지를 기록한 비문은 거의 모든 지배 가문에 의해 반포되었다. 권력의 정당화, 특히 경쟁적 상황에서의 권력의 정당화에는 일정한 범위의 활동이 포함되었다. 이것들 중에는 특히 지배 가문에 대한 유력한 지지자가 될 성직자에 대한 토지의 기증이 있다. 불분명한 가문이 지배자가 되어 기존의 지배 가문과 동등한 지위를 주장할 때, 흔히 성직자에게 기

증을 하고 이것을 비문에 기록하게 된다. 이러한 비문은 동판이나 돌처럼 변하지 않는 재료에 새겨 넣었다(그림 3). 기증은 이전 시대나 경쟁 지배자보다 더 후하게 베풀어서 뚜렷한 인상을 주어야 했다.

7세기 이후로 계보, 왕조의 역사, 연호 등과 같은 직선적 시간 요소를 결합한 역사 문헌이 많이 나타났다. 이것들은 왕이나 재상들의 전기인 차리타(charita) 문헌이다. 전기는 주인공인 동시대의 지배자를 중심으로 가문의 근원과 조상들의 역사를 이야기하며, 특히 가문이 권력을 얻은 유래를 설명한다. 그의 치세에 중심적인 사건을 전기 작가의 관점(왕의 관점이라고도 할 수 있다)에서 적절한 문학적 장식으로 서술하고, 어용 문헌이 그렇듯이 때로는 현란한 어조로 노골적으로 찬양한다. 왕위 찬탈과 장자 상속 위반을 정당화하는 경우도 많이 있다. 왕의 행동을 정당화하기 위해 때때로 신의 개입이 필요하기도 했다. 이런 개입이 너무 잦으면, 독자는 전기의 의도가 이야기되는 것과 다르다고 이해할 것이다. 전기의 의도가 무엇이건, 그것들은 왕의 치세에서 중요한 사건들을 직선적인 순서로 서술했다.

또한 왕조의 연대기와 지역의 역사는 직선적 시간에서 정통성을 얻는다. 이것을 밤샤발리스(vamshavalis)라고 하며, 말 그대로 계승의 경로이다. 이것들 중 가장 유명한 것은 많이 인용되는 칼하나의 라자타랑기니이며, 두드러지지는 않지만 다른 지역에도 비슷한 서사가 있다. 추장이 지배하던 지역에서 왕조가 군림

그림 4●풀라케 신의 에이홀 비문(AD 634-635). 이 비문은 라비키르티라는 사람이 쓴 시이며, 풀라케 신 2세의 공적에 대한 찬양이다.

하는 국가가 성립되면, 과거의 기록을 대조해서 연대기와 함께 정리했다. 이 연대기는 중요한 사건을 계속 추가하면서 유지되었다. 그 지역의 지배자인 고대 푸라나의 영웅들은 이 연대기의 앞부분에 추가되었다. 한 지역의 연대기를 쓰는 것은 그 지역을 한 덩어리로 인식하고 지배자의 계승에 정통성을 부여하는 또 다른 형태가 되었다.

　이러한 문헌들에서 시간은 직선적이지만, 순환적 시간의 가정이 암묵적이고 희미하게 스며있다. 순환적 시간은 부정되지 않고 더 큰 테두리에 남아 있다. 신과 현신들은 주로 앞쪽에 배치된다. 그러나 인간의 규모에 연관된 사건은 직선적 시간으로 더 적절하게 표현되며, 이것이 더 기능적이었다. 그렇다고 순환적 시간의 사건을 언급하지 않는 것은 아니다. 7세기의 어떤 비문(그림 4)은

AD 78년의 샤카 시대의 사건을 기록하고 있으며, 칼리 유가의 날짜에 대한 기록도 들어 있다. 칼리 유가와 비슷한 것이 언급될 수도 있었겠지만, 실제로 필요해 보이는 것은 역사적인 날짜이다. 칼리 유가 안에 직선적 시간이 포함되었고, 여기에서 두 형태는 서로 얽혀 있다. 이것은 원호를 늘려서 곧게 편 것과 같다.

칼리 유가에서 부정적인 인물을 너무 크게 그리는 것이 전기와 연대기의 주인공인 왕들을 높이려는 의도는 아니었다. 어쨌든 이 시대는 손실의 시대였기 때문에 다르마에서 멀어지게 되어 있지만, 전기가 찬양을 의도했다면 그 시대를 쇠락의 시대로 그리기는 어려울 것이다. 비문은 시간이 훨씬 더 오래 전부터 거대 순환보다 더 장구하게 이어져왔다는 것을 암시한다. 그리하여 비문에 나오는 상투적인 문구는 언제나 '달과 해가 있는 동안' 토지의 기증이 유지되어야 한다는 것이다. 시간은 여러 수준의 생각이었다.

결론

나의 의도는 고대 인도에서 여러 가지 시간 형태가 사용되었고, 직선적 시간과 순환적 시간 개념 모두가 낯익은 것이었다고 논하는 것이다. 이 두 가지 시간 개념은 그 기능에 따라, 그리고 그것을 사용한 사람들에 따라 선택되었다. 이 형태들은 때때로

서로 얽히고, 하나가 다른 하나를 감싸기도 했다. 비슈누 푸라나의 어떤 부분에서는 순환적 시간의 여러 시대를 길게 설명하며, 또 어떤 부분에서는 영웅들과 칼리 시대에 있었던 여러 왕조의 계보를 세밀하게 보여준다.

역사의 구성 요소로서 시간은 사회적이고 정치적인 기능에 연결되며, 이러한 모습은 몇몇 역사적 전통의 다양한 저자들에게서 찾아볼 수 있다. 또한 동일한 사회 집단의 저자들이 여러 가지 목적으로 시간을 사용했던 것에서도 이를 확인해볼 수 있다. 계보는 원래 음유시인들에 의해 성립되었지만 지배층의 세계관을 받아들여 권력자의 과거를 기록하게 되었다고 한다. 그러나 브라만을 후원하는 신흥 지배자들의 정통성을 부여하고 사회적인 영향력을 강화하기 위해, 푸라나를 저술했던 브라만 편집자들이 이 문헌을 고쳤을 것이다. 순환 개념은 희미하지만 포괄적이었고, 제의(祭儀)를 비롯한 브라만 성직자들의 관심사나 과거 인식에 잘 맞아 떨어졌으며, 인간이 어찌할 수 없는 것을 강조하기 위해 필요했다. 순환 개념은 어떤 과거도 끼워 넣을 수 있는 시간틀이 되었다. 또한 두 가지 시간 개념은 사회적으로 구별되는 두 집단의 특정한 이해에 맞닿아 있었다. 그렇다고 해서 이 개념이 다른 이론에서 나왔다거나, 다른 종교 이데올로기에도 이 개념들이 나타났다는 것을 부인하지 않는다. 단지 역사적인 관점에서 본다는 것이다.

과거를 탐색하는 한 가지 방법은 과거를 다양한 시간관에 투

영시켜 보는 것이다. 우주론의 창조자로서 브라만들은 흔히 시간을 네 시대의 순환으로 보았다. 그러나 이들이 계보를 유지하거나 비문 또는 왕족의 전기를 쓸 때는 직선적 시간을 사용했다. 두 가지 시간 개념은 이렇게 얽혀 있지만, 두 형태의 기능은 서로 다르다. 한 가지 이상의 형태가 동시에 사용되고 여러 겹으로 표현되는 것은 각각 다른 사회 계층들이 자신들의 과거를 다르게 보았다는 것을 가리킨다. 역사가가 이것을 인지하기 위해서는 복잡하게 얽힌 시간 개념 속에서 과거를 다중적으로 읽어낼 수 있어야 한다.

어떤 문헌에서 한 가지 이상의 시간 형태가 나오는 것은 어쩌면 각각 서로 다른 말을 하고 있음을 우리에게 가르쳐 주려는 의도일 수 있다. 직선적 시간 안에서도 이런 분화가 있을 수 있다. 세대의 계승을 바탕으로 하는 계보의 시간은 언제나 기록의 앞쪽에 있어서, 우리가 보통 역사라고 보는 것보다 앞에 나온다. 이것은 푸라나에 기록된 계보에서도 명백하고, 지역의 연대기에서도 마찬가지이다. 이런 형식은 연속성을 강조한다. 그러나 이것도 과거의 두 범주를 정교하고 일관되게 차례로 배치하여 구별하는 방식이다.

AD 1세기에서 10세기 사이에, 조상의 유래를 이야기할 때와 정통성이나 재산권을 주장할 때 과거가 도입되었다. 특히 정통성이나 재산권에 다툼이 일어났을 때 과거를 끌어들이는 일이 더 많았다. 이렇게 도입된 과거에는 여러 가지 시간관이 개입되었다. 이 시간관들 중 다수에서, 네 번째 시대는 마하 유가라는 거대 순환의 일부인데도 영웅과 왕들에 대한 직선적인 역사가 들어 있다. 연호가 유행하고 여러 왕조의 비문이 체계적으로 정확하게 연대를 기록했으며, 많은 지역에서 왕의 전기와 과거의 연대기를 편찬했다. 역사 감각은 대개 문헌의 배후에 숨어 있지만, 문헌에 따라 명백하게 겉으로 드러나기도 한다.

인도 사회에 순환적 시간 개념만 있었다는 주장은 이제 더 이상 일반적인 관점이 아닐 것이다. 그러나 아직 인도 고대 문헌의 일부에서 명백히 드러나는 역사의 형태를 적극적으로 인지하려는 분위기는 아닌 듯하다. 그렇기에 직선적 시간관이 존재했음을 드러내 보여 준다면 이러한 인지는 더 강화될 것이다. 모든 사회가 과거를 의식한다는 것을 기정 사실로 할 때, 한 사회가 특이하다거나 표준에서 벗어나 있다고 말하기 위해 역사를 부정하는 사회를 구성하는 것은 무익할 것이다.

두 가지 시간 개념만으로는 인도 문헌이 다양한 이미지로 그려내는 시간의 변형들을 분류하기 어렵다. 어떤 이야기에서는 시간이 하늘과 땅, 물, 태양, 희생, 의식의 노래를 만들어낸 창조자이다. 시간은 고삐가 일곱 개인 말을 몰며, 천 개의 눈을 가진 이 말은 나이를 먹지 않는다. 또 시간은 불멸의 신이며, 시간을 통해 생명이 있는 모든 것은 결국 죽는다. 또 어떤 이야기에서는, 시간은 하늘과 땅 사이에 있는 궁극의 원인이며 공간을 가로질러 과거와 현재와 미래를 직조하는 존재이다. 우주를 관장하고 조절하는 시간의 투영인 수트라드하라(Sutradhara)도 똑같이 도발적이다.

신화, 왕의 연대기, 세금 징수자들, 그리고 납세자들은 다양한 시간 개념을 만들었다. 이것을 우주론적 시간과 역사적 시간으로 구분할 수 있지만, 분리와 중첩의 정도는 역사적 상황과 그들이 시간을 받아들이는 방식에 달려 있었다. 우주론적 시간은 환상일 수 있으나 세심하게 구성된 의식적인 환상이고, 그 저자와 신화를 반영한다. 측정된 시간의 기능을 가져오는 역사적 시간도 마찬가지로 세심하게 구성되어서, 인간이 통제할 수 있는 관심사를 반영한다. 나는 시간을 역사의 은유로 보아야 한다고 제안한다. 이런 관점에서 우리는 시간이 얼마나 다양한 패턴으로 나타나는지, 그리고 이것들이 역사적으로 어떻게 얽혀 있는지 탐구해야 한다.

· Eliade, M., *Cosmos and History: The Myth of the Eternal Return*, Princeton, NJ: Pantheon Books, 1954.

· Eliade, M., 'Time and eternity in Indian thought', in *Man and Time*, Papers from the Eranos Yearbooks, pp. 173-200 (Bollingen Series, XXX3), New York, Pantheon Books, 1957.

· Pathak, V. S., *Ancient Historians of India*, Bombay: Asia Publishing House, 1966.

· Pingree, D., *Jyotihsastra*, Wiesbaden: Otto Harrassowitz, 1981.

· Thapar, R., *Interpreting Early India*, Delhi: Oxford University Press, 1992.

· Thapar, R., *Time as a Metaphor of History: Early India*, Delhi: Oxford University Press, 1996

3. 시간 여행

D. H. 멜러

시간의 경과

시간 여행에 대해 말할 때 한 가지 어려운 점은, 사람마다 시간 여행을 다르게 생각한다는 것이다. 어떤 사람들에게 시간 여행은 불가피한 시간의 경과를 뜻하지만, 다른 사람에게는 닥터 후(Dr Who, 영국의 SF 텔레비전 드라마——옮긴이)처럼 이상하게 시간대 사이를 돌아다니는 것을 뜻한다. 그러나 이것들은 서로 무관하지 않다. 후자에 대해 설명하기 위해 먼저 전자에 대해 알아보자.

우리 모두가 시간을 여행하고 있다고 말하는 것은 언제나 그래 왔고 언제나 그럴 것처럼 시간이 경과한다는 것이다. 이것이 시간 여행이라면, 의심할 바 없이 시간 여행은 일어나고 있고, 저절로 일어나고 있다. 이런 의미에서 우리는 시간을 여행하는 것 말고 달리 선택할 수 없다. 이런 시간 여행은 우리가 더 쉽게 또는 덜 쉽게 하겠다고 선택할 수 있는 것이 아니다. 이런 시간 여행은 그냥 일어나는 일이고, 다른 모든 것들과 함께 좋건 싫건 일어날 수밖에 없다.

시간 경과에서 나타나는 주요 문제는 시간이 어떻게 천천히 또는 빨리 가는지 설명하는 것이다. 누구나 흔히 겪는 이 문제를 보는 최상의 방법은 시간이 경과하는 속도를 다른 변화의 속도와 비교하는 것이다. 예를 들어 런던에서 케임브리지까지 60마일 거리를 한 시간 동안 달리는 기차 여행을 생각하자. 이 여행 동안에 공간은 1분에 1마일을 지나가는데, 이 속도는 객관적이면서도 가변적이다. 기차가 빨리 갈 수도 있고 천천히 갈 수도 있기 때문이다. 이러한 현상은 다른 변화, 즉 크기나 온도에 대해서도 마찬가지이다. 우리가 천천히 또는 빨리 공간을 지나가듯이, 어떤 물체가 천천히 또는 빨리 늘어나거나 줄어들 수 있고, 또 천천히 또는 빨리 식거나 달아오를 수 있다.

그러나 우리는 이런 의미에서 시간을 여행하는 속도를 바꿀 수 없다. 런던에서 케임브리지까지 가는 데는 한 시간이 덜 걸리거나 더 걸리지만, 오전 10시에서 11시로 가는 데 한 시간이 덜 걸리거나 더 걸릴 수 있을까? 한 시간 가는 데 60분 걸린다는 것은 가변적인 사실이 아니라 자명한 동어반복이며, 1마일 떨어진 곳까지 가려면 1마일을 가면 된다고 말하는 것이나 마찬가지이다. 그렇다면 시간은 어떻게 빠르게 또는 더디게 경과할 수 있을까? 실제로는 한 시간도 안 되는데 두 시간이나 지속되는 것 같은 강의를 생각하자. 말하자면 강의가 진행되는 동안에 시간은 두 시간 당 한 시간의 속도로 경과하는 것 같다. 이것이 시간이 천천히 간다고 말할 때의 의미이다. 여기에는 신비로운 것이 전혀 없다. 시간이 천천히 흐른다는 것은 순전히 주관적인 느낌이다. 강의가 누구에게나 지루하지는 않으며, 시간이 천천히 흐르는 경험은 심리적으로 설명할 수 있다. 자동차 사고처럼 갑작스럽게 예상하지 못했던 위험에 빠진다고 하자. 많은 사람이 경험하듯이 이럴 때는 갑자기 모든 일이 서서히 일어나는 것처럼 느꺼져서, 마치 시간이 천천히 가는 것 같다. 여기에는 분명한 이유가 있다. 아드레날린이 체내에 분비되어 위급 상황에 재빨리 대처하도록 우리의 정신 과정을 빠르게 하고, 따라서 시간 경과의 빠르기를 맡은 감각도 빨라진다.

다시 말해 시간이 빨리 가는 것처럼 여겨질 때 실제로 일어나는 일은, 외부의 시계로 쟀을 때 우리의 내부 시계가 빨라지는 것이다. 시간이 너무 빨리 가는 것 같을 때도 있다. 지루한 강의와 반대로 재미있는 강의는 한 시간이 30분만에 지나가는 것 같아서, 시간당 30분의 속도로 가는 것 같다. 이것도 낯익은 현상이며, 여기에 대한 설명도 같다. 강의의 시작과 끝이라는 두 사건 사이의 외부 시계와 내부 시계의 불일치 때문에 이런 일이 일어나는 것이다. 이번 경우에는 불일치가 반대로 되어, 외부 시계로 쟀을 때 우리의 내부 시계가 느려지는 것이다.

시간이 빠르게 또는 더디게 가는 것은 이 정도이며, 이런 일은 드물지도 않고 문제가 될 만하지도 않다. 게다가 두 시계가 일치하지 않아서 어느 한 쪽이 빨라지거나 느려진다는 것은 단일한 시계가 오전 10시에서 11시까지 60분 걸린다는 항진명제와 전혀 모순되지 않는다.

미래로의 시간 여행

시간 경과에서 진정으로 흥미로운 점은 미래로 가는 시간 여행, 즉 한 시간에 60분 이상을 갈 때이다. 미래로 가는 시간 여행을 위한 타임머신은 가질 만한 가치가 있어서, 이것은 우리를 더 빠르게 미래로 데려간다. 그리고 시간이 빠르게 경과할 수 있다는 사실로 비추어 보아 이런 일은 원리적으로 가능하다. 다만 실제로 어떻게 하는지가 문제이다. 그러나 이것을 알아보기 전에 먼저, 미래로의 시간 여행이 무엇을 하며 무엇을 하지 않는지 명확하게 알아야 한다.

인기 TV 프로그램인 '닥터 후(Dr Who)'에서 주인공이 타는 타임머신인 타디스(TARDIS)를 빌려서 우리가 한 시간 만에 100년 뒤로 간다고 하자. 예를 들어 2000년에서 2100년으로 간다고 하자. 이렇게 하려면 타임머신은 어떤 일을 해야 하나? 타임머신이 하지 않아야 하는 일은, 닥터 후의 프로그램에서 늘 그렇듯이 2000년 어느 날 오전 10시에 갑자기 사라져서 우주 공간의 어떤 곳을 헤매다가 오전 11시에 2100년에 나타나는 것이다. 런던에서 케임브리지로 가는 기차가 도중에 사라질 필요가 없듯이, 2000년에서 2100년으로 가는 타임머신도 도중에 사라질 필요가 없다. 반대로 어떤 물체가 도중에 사라지면 목적지에 도착할 수 없으므로, 도중에 사라지는 기차는 공간을 따라가는 보통의 여행도 불가능하다. 따라서 타임머신은 미래로 가는 여행 도중에 사라지지 않고 언제나 출발지와 목적지 사이에 있어야 한다. 타디스가 한 시간만에 2000년에서 2100년까지 가는 것이 가능하게 하기 위해서는, 타디스가 출발해서 도착하는 시간 동안 언제나 그 사이에 있도록 해야 한다.

여기에서 모든 종류의 여행에 적용되는 다음과 같은 격언이 나온다. 이 격언은 나중에 또 필요하기 때문에 여기에서 분명히 밝혀둔다. "도착하는 것보다 여행하고 있는 편이 더 나을 지라도, 당신이 어딘가에 도착하지 않았다면, 당신은 거기를 여행하지 않은 것이다. 당신이 도착했다면, 당신은 거기에 여행한 것이고, 어떻게 했는가는 무관하다." 이 격언이 과거로 가는 시간 여행에 어떻게 영향을 주는지는 나중에 살펴보겠다. 지금 당장은, 도중에 사라진다는 불필요한 장치를 없애서 미래로의 시간 여행에 도움을 주는 것이 중요하다.

그렇다면 미래로 가는 시간 여행에는 무엇이 필요한가? 타디스가 2000년에 출발하여 한 시간 뒤에 2100년에 도착하려면 타디스의 안팎에서 어떤 일이 일어나야 하는지 알아보자. 타디스 바깥에서는 두 사건 사이에 한 세기가 지나간다. 모든 시계와 달력은 100년을 지나가고, 생일이 100번 지나가고 사계절이 100번 오가는 등의 일이 일어난다. 짧게 말해서, 타디스 바깥에서는 도착하는 동안에 모든 순환과 한 방향으로만 흘러가는 자연적인 변화들이 통상적으로 100년이 흐를 때 일어나는 만큼 일어나야 하고, 반면에 타디스 안쪽에서는 같은 일들이 통상적으로 60분이 흐를 때 일어나는 만큼 일어나야 한다. 계절은 바뀌지 않고, 시계는 한 시간만 가고, 한 세기는 커녕 하루만큼도 늙지 않고, 시간 여행자는 출발 뒤에 먹고 마신 커피와 비스킷을 소화할 시간도 없다. 이것이 한 시간 만에 100년 뒤로 갈 때 일어나는 일이다.

이것이 어떤 것인지 보기 위해, 타디스 안쪽에서 보기에 바깥에서 사건이 얼마나 빨리 일어나야 하는지(그리고 그 반대도) 살펴보자. 안에 있는 사람들에게 바깥 세계는 엄청나게 빨리 돌리는 비디오와 같아서, 100년 동안 진행되는 사건이 한 시간만에 일어난다. 바깥에 있는 사람들에게는 안쪽의 일이 무지하게 느리게 진행된다. 시계가 한 시간 가는 데 100년이 걸리고, 사람이 말 한마디를 하는 데 1년이 걸리고, 커피 한 잔 마시는 데 10년이 걸린다. 다시 말해 미래로 가기 위해 타디스가 해야 할 것은, 안쪽에서 일어나는 일이 바깥 세계에 비해 아주 천천히 일어나게 해야 한다. 어떻게 이렇게 할 수 있을까?

이렇게 하는 방법은 지금까지 두 가지가 알려져 있다. 하나는 하이테크 기술이 필요한 방법이고 하나는 그렇지 않은 방법이다. 하이테크 방법은 아인슈타인의 특수상대성이론을 응용한다. 우주선이 2000년에 지구를 떠나서 2100년에 돌아오는데, 우주 바깥으로 매우 빠르게 갔다가 온다. 아인슈타인의 특수상대성 이론에 따라, 돌아오면 우주선과 그 안에 있는 것들은 지구상에서보다 나이가 덜 들게 된다. 게다가 우주선이 빠르면 빠를수록 우주선과 그 내용물은 나이가 덜 든다. 따라서 우주선이 충분히 빠르게 여행한다면, 즉 빛의 속력에 가깝게 날아간다면, 나이는 한 시간밖에 들지 않게 된다. 이 경우에 지구상의 사건들이 2000년에서 2100년까지 일어나는 동안 우주선에서는 한 시간만 경과하게 된다. 이것이 바로 미래로 가는 시간 여행이다.

이 방법은 원리상 분명히 가능하지만, 현재로서는 비용이 너무 많이 들어서 실용성이 없다. 반면에 하이테크를 사용하지 않는 방법은 적절할 뿐만 아니라 아주 시시하다. 이 대안은 화학 반응(따라서 모든 생물학적 대사와 심리적인 과정들)이 대개 차가워지면 느려진다는 성질을 이용한다. 화학반응의 속도는 온도가 섭씨 10도 내려갈 때마다 대략 반으로 줄어든다. 겨울잠을 잘 때 동물들이 체온을 떨어뜨려서 대사 과정을 느리게 하고, 에너지 소비를 줄이고, 따라서 음식 섭취를 줄여 한겨울에 음식을 구하기 어려울 때를 대비하는 것과 같은 이치이다. 사람의 몸도 온도가 아주 낮은 곳에 있으면 여러 해가 지나도 노화되지 않는다. 이것이 미래로 가는 시간 여행의 전부이다. 따라서 사람을 산 채로 얼렸다가 녹일 수 있다면, 저온 기술은 시간 여행의 완벽한 방법이 된다. 사람들이 원할 때 얼렸다가 원하는 시간에 녹여 주면 나이가 들지 않고 미래로 가는 것이다.

냉장고는 시간이 지남에 따라 내용물에서 일어나는 부패 과정을 천천히 하는 것이므로, 냉장고도 미래로 가는 타임머신이다! 하지만 이 사실은 냉장고에 대해 그리 획기적인 일이 아니고, 미래로 가는 시간 여행 개념에 대해서도 놀랄 만한 일이 아니다. 이 사실이 보여주는 것은 다음과 같다. 미래로 가는 시간 여행은 개념적으로 그리 대단한 일이 아니며, 실제로 노화가 천천히 일어나는 것일 뿐이다.

과거로의 시간 여행

미래로 가는 시간 여행이 나이를 천천히 먹는 것이라고 해서, 과거로 가는 시간 여행이 나이를 빨리 먹는 것은 아니다. 그것은 뭔가 다른 일이다. 예를 들어 타디스가 2050년에 케임브리지를 출발하여 내부 시간으로 한 시간 뒤에 런던에 1950년에 도착한다고 하자. 이것은 과거로 가는 시간 여행이며, 이것이 한 일은 타디스 시간으로 타디스가 도착하기 한 시간 전에 출발하고, 반면에 바깥에서는 타디스가 도착한지 100년 뒤에 출발하는 것이다. 이렇게 외부 사건의 순서가 뒤바뀌는 것이 과거로의 시간 여행과 미래로의 시간 여행의 다른 점이고, 시간 규모의 차이는 무관하다. 한 세기가 걸려서 2000년에서 2100년으로 가는 것은 단지 시간이 경과한 것일 뿐이지만, 한 세기가 걸려서 2050년에서 1950년으로 가는 것은 아무리 느리게 가도 여전히 과거로 가는 시간 여행이기 때문이다. 따라서 우리는 과거로의 시간 여행이 미래로의 시간 여행처럼 아무 문제가 없다고 말할 수 없다. 여기에는 진정으로 문제가 있음을 알게 될 것이다.

그러나 과거로 가는 시간 여행에 대한 반대 중 한 가지는 금방 잠재울 수 있다. 이것은 두 사건이 반대의 시간 순서로 있을 수 없다는 것이다. 어떤 것도 다른 어떤 것에 대해 동시에 앞서면서도 뒤에 올 수 없으며, 이것은 어떤 것도 다른 어떤 것에 대해 더 뜨거우면서 동시에 더 차가울 수 없는 것과 같다. 하지만 이것은 너무 성급한 반대이며, 이것이 옳다면 미래로 가는 시간 여행조차 불가능해진다. 왜냐하면 어떤 사건이 다른 사건에 대해 한 세기 떨어져 있으면서 또 한 시간 떨어져 있을 수는 없어 보이기 때문이다. 하지만 한 장소에서 다른 장소까지의 거리는 이동하는 경로에 따라 달라질 수 있듯이, 시간 길이도 두 사건 사이의 시공간 경로에 따라 얼마든지 달라질 수 있다. 따라서 사건 d(타디스의 출발)와 사건 a(타디스의 도착) 사이에서 타디스의 바깥쪽 경로가 한 세기 길이이고, 타디스의 안쪽 경로가 한 시간 길이인 것은 모순이 아니다. 게다가 타디스의 바깥쪽 경로에서 사건 d가 a보다 먼저이고 안쪽에서는 a가 d보다 먼저인 것도 명백하게 불가능해 보이지는 않는다.

과거로 가는 시간 여행이 불가능한 이유가 있는지 알아보려면 앞에 나왔던 격언을 먼저 살펴봐야 한다. 당신이 어딘가를 여행하려면, 당신은 그곳에 도착해야 한다. 따라서 2050년에 케임브리지에서 출발한 타디스가 1950년에 런던을 여행하려면, 타디스는 런던에 1950년에 도착해야 한다. 여기에서 타디스가 1950년에 도착한 곳은 우리의 런던이어야 하고, 평행 우주이거나 단지 가능한 우주에 있는 런던과 비슷한 곳이어서는 안 된다. 다른 런던에 도착하는 것은 실제의 런던에 도착하지 않는 것이며, 따라서 위의 격언에 따라 런던으로 여행하지 않은 것이다. 짧게 말해서 일반적으로 타임머신이 우리의 과거에 도착하려면, 반드시 우리의 과거에 도착해야 한다.

다음으로 1950년에 런던에 도착한다는 것, 즉 그 시점에 거기에 있다는 것에 대해 생각해 보자. 먼저, 우리가 1950년의 런던을 생각하는 것만으로는 그 시점에 런던에 가 있을 수 없다. 이것이 가능하다면 시간 여행은 너무나 쉬운 일이 된다. 생각 속에서 과거로 여행할 수 있음을 부인하는 사람은 없다. 그러나 이것은 우리의 문제가 아니다. 우리는 실제로 거기에 갈 수 있는지를 따지는 것이고, 이것은 생각 속에서 거기에 가 보는 것 이상을 뜻한다.

같은 이유로, 거기에 대해 읽어보는 것만으로는 과거에 갈 수 없다. 고대 문서나 잘 씌어진 역사 책은 어떤 의미에서 '우리를 그곳으로 데려가지만', 이것도 문자 그대로 우리를 데려가는 것이 아니다. 그림, 사진, 영화와 같은 시각적 표현도 문자 그대로 우리를 거기로 데려가 주지는 못한다. 텔레비전이나 라디오도 마찬가지다. 런던에서 하는 생방송을 케임브리지에서 듣거나 본다고 해서 런던에 가 있는 것은 아니다. 다른 장소가 그런 것처럼, 다른 시간대도 마찬가지이다. 백만 광년 떨어진 곳에서 일어나는 천문학적 사건을 망원경으로 보면 백만 년 전의 사건을 보는 것이기는 하지만, 그렇다고 우리가 백만 년 전으로 가는 것도 아니고 백만 광년 밖으로 가는 것도 아니다. 망원경은 타임머신이 아니다.

그렇다면 시공간상의 어떤 지점에 가 있다는 것은 무슨 뜻인가? 이에 대한 해답은, 거기에 있으려면, 당신은 거기에 있는 것들에 영향을 받을 뿐만 아니라 영향을 줄 수도 있어야 한다는 것이다. 다시 말해, 당신은 그것들과 상호작용할 수 있어야 한다. 이것은 당신이 들고 있는 이 책과 당신이 상호작용할 수 있는 것과 같다. 책과 당신은 동시에 같은 장소에 있기 때문에, 당신은 책에 영향을 받을 수 있을 뿐만 아니라(책을 읽음으로써) 책에 영향을 줄 수도 있다(예를 들어 책을 덮을 수 있다). 비슷하게 당신은 책이 놓여 있는 책상 등과 같이 책에 영향을 주는 다른 물체들과도 상호작용을 할 수 있어야 한다. 사물과 사람이 어떻게 직접 상호작용하는가는 그것들이 어떤 사람이고 사물인지에 달려 있다. 하지만 그것들이 그렇게 할 수 있는 것은 공간뿐만 아니라 시간상으로도 인접해 있기 때문이다. 그러므로 타디스와 그 승객들이 1950년에 있기 위해서는, 그들은 그때의 사람이나 물건들과 보통의 물건들처럼 상호작용할 수 있어야 한다. 그렇지 않으면, 타디스가 어디를 여행했든, 그것은 1950년에 있지 않다.

시간의 방향

앞에서 설명한 것은 타디스가 1950년에 있기 위해서 필요한 조건이었고, 이번에는 타디스가 그때 떠난 것이 아니라 도착한 것이 되려면 어떤 조건이 필요한지 알아보자. 내가 위에서 내놓은 답은, 타디스는 2050년에 출발한(사건 d) 뒤에 1950년에 도착해야 한다(사건 a). 이 두 사건은 외부 시간으로 순서가 뒤바뀌어 있으므로, 이것은 미래로 가는 것이 아니라 과거로 가는 시간 여행이다. 그렇다면 어떻게 되어야 사건 a와 사건 d의 시간 순서가 반대로 되는가? 다시 말해, 타디스의 안과 밖에서 시간의 방향이 역전되려면 어떻게 되어야 하는가?

앞에서 보았듯이 과거로 거슬러 가는 데 시간이 얼마나 걸리는지는 중요하지 않으므로, 한 세기를 거슬러 올라가는 데 한 세기가 걸리고, 한 시간을 거슬러 올라가는데 한 시간이 걸린다고 가정하자. 이렇게 하면 과거로의 시간 여행을 미래로의 시간 여행과 비교하는 것이 아니라 보통의 공간 여행과 비교하게 되어서 문제가 단순해진다. 그림 1을 보자. 여기에는 런던과 케임브리지를 향하는 두 기차의 '세계선'이 그려져 있다. 두 기차는 오전 10시에 각각 런던과 케임브리지에서 출발하여 10시 30분에 히친에서 만난 뒤에 11시에 반대편의 목적지에 도착한다.

이제 케임브리지행 기차가 과거로 거슬러 간다고 생각하자. 이 기차는 11시에 런던을 출발해서 시간을 거슬러 가면서 케임브

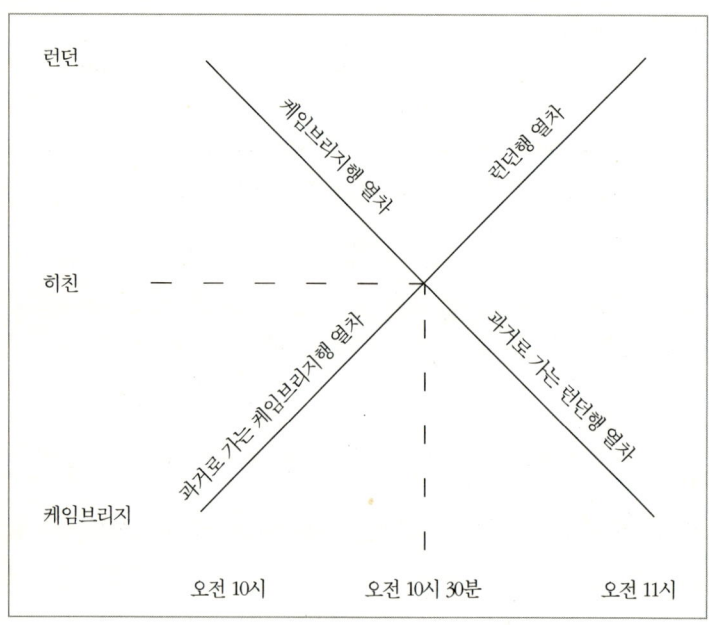

그림 1 ● 케임브리지와 런던 사이를 다니는 열차들의 세계선

리지에 접근하다가, 10시에 케임브리지에 도착한다. 그런데 이 기차는 보통의 런던행 열차와 모든 시간에 모든 장소를 공유하므로, 둘은 동일한 세계선을 가진다. 마찬가지로 보통의 케임브리지행 열차와 과거로 가는 런던행 열차는 동일한 세계선을 가진다. 그렇다면, 보통의 열차와 똑같은 세계선을 가지고 과거로 가는 열차는 어떻게 다른가?

차이는 한 방향으로만 가는 과정들의 방향에 있다. 예를 들어 보통의 런던행 열차에서는 케임브리지 근처에서 대화가 시작되어 나중에 끝난다. 반면에 과거로 가는 케임브리지행 열차에서는 런던 근처에서 대화가 시작된다. 비슷하게 런던행 열차에 실린 시계는 케임브리지에서 오전 10시를 가리키고 런던에서 오전 11시를 가리킨다. 과거로 가는 케임브리지행 열차에 실린 시계는 런던에서 오전 10시를 가리키고 케임브리지에서 오전 11시를 가리킨다. 이것은 열차 내부의 시간이다. 외부의 시간으로 볼 때, 과거로 가는 열차에서는 대화가 시작되기 전에 끝나고, 시계 바늘이 반대 방향으로 돌아가며, 모든 것이 거꾸로 간다. 한 방향으로만 가는 과정들의 방향은 시간에 방향을 부여하여 과거로 가는 것과 그렇지 않은 것을 구별하는 것 같다.

그러나 한 방향으로만 가는 과정을 담고 있지 않은 기본 입자들은 어떻게 될까? 전자와 양전자는 전하의 부호만 달라서, 전자는 음전하를 띠고 양전자는 양전하를 띤다. 따라서 같은 전하끼리 밀고 다른 전하끼리 당기므로, 음전하는 전자를 밀고 양전자를 당기며, 양전하는 양전자를 밀고 전자를 당긴다. 이제 고정된 두 전하를 상상하고(음전하 N과 양전하 P) 두 입자가 그 사이를 지난다고 상상하자(전자는 N에서 P로 가고, 양전자는 반대로 간다). 또 열차와 마찬가지로 두 입자는 오전 10시에 출발해서 오전 11시에 도착한다고 하자(그림 2).

마지막으로, 전자가 과거로 간다고 하자. 이 전자는 오전 11시에 N에서 출발해서 시간을 거슬러 P점을 향하고, 10시에 도착한다. 그러면 이 전자는 P에서 N으로 가는 보통의 양전자와 모든

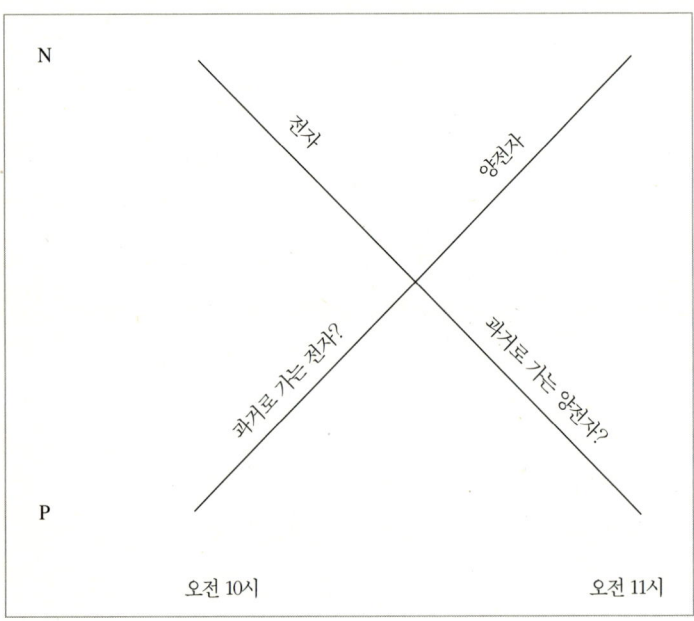

그림 2 ● 전자와 양전자의 세계선

시간과 장소를 공유하며. 이 두 입자는 같은 세계선을 가진다. 보통의 전자와 과거로 가는 양전자도 마찬가지이다. 그러면 보통의 전자와 양전자는 과거로 가는 반대 입자와 어떻게 다른가? 전자나 양전자 속에는 한 방향으로만 진행하는 과정이 없는데, 어떻게 시간의 방향을 구별하는가?

어떤 물리학자들에 따르면, 그 해답은 양전자와 전자가 다르지 않다는 것이다. 양전자는 단지 과거로 가고 있는 전자이다. 실제로 그렇다면, 과거로 가는 시간 여행이 가능해야 한다. 실제로 이런 일이 일어나고 있기 때문이다. 그러나 두 가지 이유로 그렇지 않다. 첫째, 그림 2가 보여주듯이 우리는 양전자가 과거로 가는 전자라거나 전자가 과거로 가는 양전자라고 말할 수 없다. 세계선에서 사건의 시간 순서는 한 방향으로만 진행하는 과정으로 주어지는 것처럼 보이는데, 전자와 양전자 속에는 이런 과정이 없으므로, 이 입자들에게 시간 순서를 매길 방법이 없다. 음전하와 양전하에 대해 반대로 반응한다는 설명은 공허하다. 동어반복적인 시간의 경과를 제쳐두고, 우리는 전자나 양전자가 시간을 따라 여행할 능력이 있다고 믿을 아무런 이유도 없다.

양전자가 과거로 가는 전자라는 견해를 부정하는 두 번째 이유는, 많은 철학자와 물리학자들의 지지에도 불구하고 시간은 한 방향으로만 가는 과정에 의해 방향이 정해지지 않기 때문이다. 시간의 방향을 결정한다고 알려진 주된 과정에는 우주의 팽창, 고립된 계의 엔트로피 증가, 빛이 광원에서 발산하지만 수렴하지 않는다는 것 등이 있다. 여기에서는 이런 현상들이 왜 시간의 방향을 결정하지 못하는지 세밀하게 알 필요가 없다. 물론 이런 현상들에는 방향이 있고, 이것이 시간에 연관된다는 것은 사실이다. 그렇지 않으면 그것들은 한 방향으로만 가는 과정이 아닐 것이다. 그러나 한 방향으로만 진행하는 과정이 시간에 방향을 주려면 더 많은 것이 필요하다. 이런 것들로 시간의 방향이 결정된다면, 이런 과정의 방향을 역전시키는 것은 물리적으로뿐만 아니라 논리적으로 불가능해진다. 이런 과정의 방향을 역전시키는 것

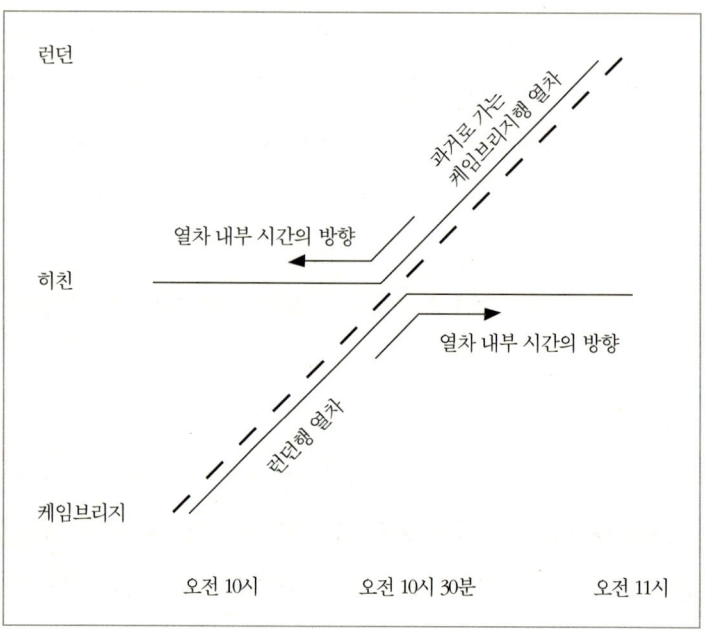

런던

과거로 가는
케임브리지행 열차

열차 내부 시간의 방향

히친

열차 내부 시간의 방향

런던행 열차

케임브리지

오전 10시   오전 10시 30분   오전 11시

그림 3 ● 히친에 멈출 때 생기는 일

은 정의상 시간의 방향을 역전시키는 것이고, 따라서 두 가지 역
전이 상쇄된다. 우주 팽창이 시간의 방향을 준다면, 논리상 우주
는 영원이 팽창해야 한다. 그러나 우주가 영원히 팽창할지 그렇
지 않을지는 논리에 따르는 것이 아니라 우연한 물리적 사실에
따른다. 말하자면 우주의 밀도가 충분히 커서 중력이 팽창을 정
지시킬 수 있는지 등에 따른다. 그러나 이것이 우연한 사실이 되
려면 시간의 방향이 우주가 이제까지 팽창해 왔다는 사실과 논리
적으로 무관해야 한다.

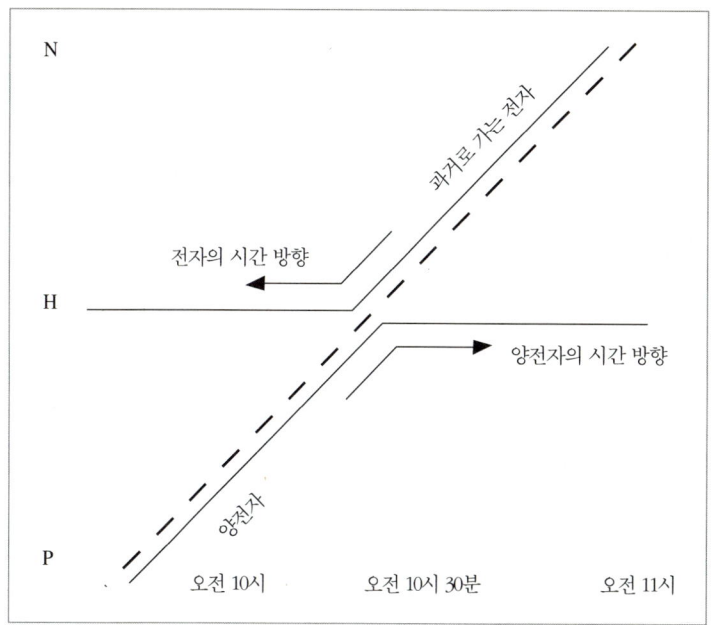

그림 4 ● 전자와 양전자가 멈출 때 일어나는 일

앞에서 말한 다른 두 과정은 시간의 방향으로 더 설득력이 없
다. 두 가지 다 거의 한 방향으로 가지만, 둘 다 항상 그렇지는 않
기 때문이다. 고립된 계의 엔트로피는 감소할 수도 있고, 빛은 수
렴할 수 있다. 예를 들어 카메라 렌즈가 사진을 찍을 때마다 빛은
한 곳으로 수렴한다. 이것이 카메라 안에서 시간을 역전시킨다
면, 카메라 속의 빛은 방향이 반대로 되어 사진의 피사체에서 오
는 빛과 만나서 소멸될 것이다! 빛이 발산하는 방향이 시간의 방
향이라고 했을 때 함의하는 바는 바로 이런 것이지만, 이렇게 된

다고 믿는 사람은 아무도 없다.

진정으로 시간의 방향을 주는 것은 인과이다. 케임브리지에서 출발해서 런던으로 가는 열차가 히친에 정지했을 때 세계선이 어떻게 되는지 보면 이것을 알 수 있다. 답은 물론, 그림 3처럼 세계선이 여전히 10시에서 10시 30분까지는 케임브리지에서 히친까지 가고, 그 다음에는 10시 30분부터 11시까지 히친에 머물러 있을 것이다. 반면에 과거로 가는 케임브리지행 열차가 히친에 정지할 때는, 세계선이 11시에 런던에서 출발해서 10시 30분에 히친까지 가고, 거기에서 10시까지 머무른다. 두 경우 모두에서 원인이 결과에 앞서야 하지만, 시간에 역행하는 열차의 경우에는 바깥의 시간으로 보면 결과가 원인보다 앞선다. 보통의 런던행 열차가 과거로 가는 케임브리지행 열차와 다른 것은 바로 원인이 결과에 앞선다는 점이다. 그것은 바깥쪽 시간으로 볼 때, 정지한다든가 하는 모든 효과는 원인 이후에 나타나지, 원인 이전에 나타나지 않는다는 것이다.

양전자와 과거로 가는 전자도 이 경우와 비슷하다(그림 4). 전자를 10시 30분에 N과 P의 중간 지점인 H에 정지시키면 세계선은 10시에 P점에서 10시 30분에 H 점으로 간 다음에 11시까지 거기에 머무른다. 이 전자의 세계선은 11시에 N 점에서 10시 30분에 H 점으로 와서 10시까지 거기에 머무르지 않는다. 이런 세계선은 과거로 가는 전자의 것이다. 이것으로 양전자는 보통의 양전하를 띤 입자가 되며, 과거로 가는 전자가 되지 않는다. 바깥쪽 시간으로 볼 때 정지시키거나 하는 따위의 영향에 대한 결과는 원인의 뒤에 일어나고, 원인이 있기 전에 결과가 나타나지는 않는다.

시간 여행: 해결이 가능한 문제

따라서, 양전자를 비롯한 이른바 반입자들은 과거로 가는 보통 입자가 아니다. 이것 말고 실제로 과거로의 시간 여행이 일어나는 경우를 나는 모른다. 그러나 실제로 일어나고 있다는 보기들이 모두 틀렸다고 입증해도 과거로의 시간 여행이 불가능함을 증명한 것은 아니다. 이것을 증명하려면 과거로 가는 시간 여행에 꼭 필요하면서 불가능한 특징을 찾아야 한다. 그러면 어떤 것이 이런 특징이 될 수 있을까?

경계

과거로의 시간 여행에 대한 많은 반대가 실패하는 이유는 이것들이 과거 시간 여행에 꼭 필요하지 않거나, 명백히 불가능하지 않거나 하기 때문이다. 과거로 가는 타임머신과 바깥 세계의 경계에서 일어나는 문제도 이런 경우이다. 예를 들어 과거로 가는 케임브리지행 열차 안에서 여행자가 창밖에 있는 뭔가를 볼 수 있다. 예를 들어 양을 본다고 하자. 대개 탑승자는 물체에 반사되어 눈으로 들어오는 광자에 의해 본다. 그러나 여기에서 광자는 바깥 세계에서 열차로 들어와야 하는데, 바깥세계와 열차 안의 시간이 반대로 흐르기 때문에 이것은 이치에 닿기 어렵다. 외부 시간으로 볼 때 열차 내부는 시간이 거꾸로 가기 때문에 광자는 유리창을 지난 뒤가 아니라 지나기 전에 눈에 들어온다. 다시 말해 102쪽에서 언급된 카메라처럼, 외부 시간으로 보면 두 광자가 나타나는데 하나는 양에게서 나오고 다른 하나는 탑승자의 눈에서 나와 창문에서 만나서 소멸된다. 열차의 시간으로 보면, 두 광자가 갑자기 창문에서 나와서 하나는 열차 바깥의 양을 향해 가고 다른 하나는 열차 내부의 탑승자 눈을 향해 간다. 탑승자가 어떻게 양을 볼 수 있는지에 대한 이 두 서술은 어느 것도 우리가 알고 있는 광자의 성질과 어울리지 않는다.

그렇지만 앞의 설명이 논리적으로 불가능하지는 않다. 두 설명이 자가당착이거나 상대방과 모순을 일으키지 않기 때문이다. 반대로 두 서술은 시간의 방향에 따라 어느 한 쪽이 옳고, 한 쪽에 따라 그 반대쪽이 도출된다. 또한 이것들은 시간이 한 방향으로만 흐르는 영역에서의 광자의 법칙들과 모순되지 않는다. 반대로 이런 법칙들은 시간의 방향이 역전되는 경계 영역에서 광자가 어떻게 움직이는지 보여준다고 할 수 있다.

이러한 경계 문제를 피하는 또 한 가지 방법은, 과거로 가는 시간 여행에서 여행의 과정이 들어간다는 것을 부정하는 것이다. 나는 앞에서 이렇게 말했다. 당신이 어딘가에 도착하려면, 당신은 거기로 여행해야 하고, 어떻게 여행했는지는 무관하다. 따라서 2050년 케임브리지에서 출발해서 1950년 런던으로 가는 여행에서 필요한 것은 2050년에 케임브리지를 떠난 여행자가 1950년에 런던에 도착하는 것뿐이다. 여행자는 두 장소와 시간 사이에서 여행의 과정을 겪을 필요가 없다. 물론 이러한 진행 과정의 연속성이 없다면 1950년에 도착한 여행자가 2050년에 출발한 여행자인지 알기가 매우 어려울 것이다. 이것 때문에 나는 다른 사정이 같은 한 타임머신이 사라졌다 나타나는 것을 허용하지 않으려고 하는 것이다. 그러나 과거로 가는 시간 여행과 미래로 가는 시간 여행은 사정이 동일하지 않다. 과거로 가는 시간 여행에서는 세계선의 불연속성보다 경계 문제가 더 해결하기 어려울 수도 있다. 이런 경우에는 타디스가 도중에 사라지는 편이 나을 것이다. 앞에서 말한 닥터 후 프로그램에서도 이런 이유로 타디스가 사라졌다 나타나는 것이다.

　(네 번째 차원을 도입해서 타디스가 3차원 공간의 모든 것들과 인과적 접촉을 피하면서 여전히 연속적인 세계선을 가지게 한다는 생각은 별로 가치가 없다. 이것은 결국 케임브리지에서 런던으로 가는 열차가 히친을 경유하지 않고 리버풀을 경유하는 것과 다를 바 없다. 더 높은 차원을 가정한다고 해도 과거로의 시간 여행 문제를 풀기 위해 여기에 의존해서는 안 된다. 타디스가 4차원 공간으로 이동

할 수 있다면 타디스 주변의 다른 것들도 마찬가지이기 때문에, 결국 원래의 문제로 되돌아가게 된다.)

과거 미래?

타디스가 어떤 방식으로든 2050년에 1950년으로 바깥 세계와 상호작용하지 않으면서 이동할 수 있다고 하자. 그렇다고 해도 여전히 문제가 남는다. 우선 타디스가 언제 도착하는지 묻는다고 하자. 타디스는 2050년이 지나야 1950년에 도착한다고 말하고 싶은 유혹이 있다. 다시 말해서, 2050년이 되기 전까지는 1950년에 일어난 사건에는 타디스의 도착이 들어있지 않으며, 2050년이 지나야 타디스가 도착한다는 것이다. 이것은 시간 여행이 과거에 영향을 주지 않아야 한다는 강박 관념의 산물이다. 말하자면 세심한 공룡 사냥꾼은 곧 자연사한다는 걸 다른 여행자가 확인한 공룡만을 쏘아 죽인다는 것이다.

여기에서 문제는 다른 모든 비슷한 이야기처럼 자기 모순이라는 것이다. 처음에는 어떤 공룡이 자연사하는데, 그 다음에는 이 공룡이 총에 맞아 죽는다. 이것은 처음에 타디스가 1950년에 도착하지 않지만, 나중에는 1950년에 도착한다는 것과 같다. 이런 모순이 있다면 시간 여행은 불가능할 것이다. 그러나 그렇지 않다. 이것은 사실에 반대되기 때문이다. 공룡이 사냥꾼이 죽이기

'전에는' 자연사한다는 것과, 타디스가 2050년 전에는 1950년에 도착하지 않는다는 것은 모순이다. 다시 말해 시간 여행이 일어나지 않았다면 공룡은 자연사했을 것이고, 타디스는 1950년에 도착하지 못했을 것이다. 이것은 앞에서 본 격언과 모순을 일으키지 않으며, 따라서 아무 문제가 없다. "타디스가 우리의 과거에 도착할 것이면, 이것은 우리의 과거에 도착했다."

타디스가 너무 많다?

시간 여행에 문제가 되지 않는 것이 또 있다. 타디스가 케임브리지에서 2030년에 만들어졌지만 2060년까지 사용되지 않다가, 2040년에 런던으로 가서 다시는 사용되지 않았다고 하자(그림 5). 그러면 2040년 이전과 2050년 이후에는 타디스가 한 대뿐이지만, 그 중간에는 두 대가 있어서, 한 대는 케임브리지에 있고 또 한 대는 런던에 있다. 그러나 어떻게 이렇게 될 수 있나? 어떻게 두 대의 다른 기계가 한 대이면서 같은 것일 수 있는가? 이것은 모순이 아닌가? 따라서 불가능하지 않은가? 사실이 그렇다면 과거로 가는 시간 여행은 불가능해야 한다.

그렇지는 않다. 시간 여행의 어떤 다른 특성 때문에 이것이 틀리지 않는다면, 그림 5는 불가능하지 않다. 이것은 어떤 사물도 동시에 두 곳에 존재할 수 없다는 주장의 반례일 뿐이다. 대개 이

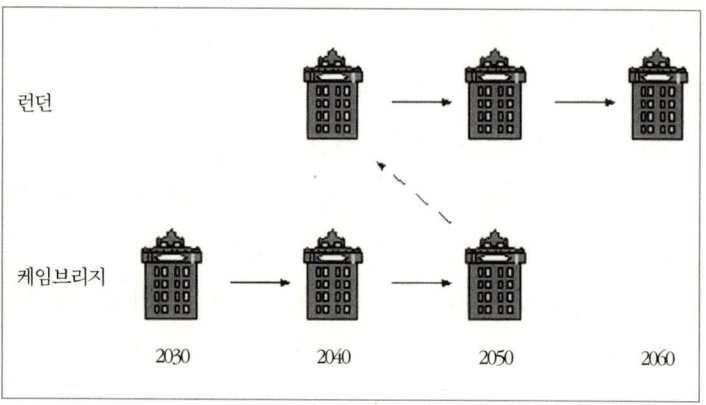

런던

케임브리지

2030   2040   2050   2060

그림 5 ● 타디스가 너무 많다

주장은 옳다. 2030년의 케임브리지 타디스가 2040년의 케임브리지 타디스와 어떻게 동일한지 물어보면 알 수 있다. 이 질문에 대한 부분적인 대답은, 2040년 케임브리지 타디스는 그 특성과 존재를 모두 2030년의 타디스에 의존한다는 것이다. 뒤의 것을 다르게(모양, 크기, 엔진 등) 만들어서 앞의 것과 다르게 만들 수 있으며, 또한 후자를 만들지 않았다면 전자는 존재하지 않을 것이다. 물론 이러한 인과적 의존성만으로는 2030년과 2050년의 타디스가 동일하기에 충분하지 않다(그렇지 않으면 우리는 부모와 동일할 것이다!). 그러나 이것은 필요 조건이다. 두 사물 A와 B가 동시에 두 곳에 있을 때 동일하지 않은 이유는 대개 이것 때문이다. 일반적으로 원인은 결과에 앞서므로, A와 B 어느 것도 상대방에 대해 동일성에 요구되는 것만큼 의존하지 않기 때문이다.

그러나 이것도 시간 여행을 배제하지는 못한다. 타디스 안의 원인은 타디스 시간으로 결과에 앞서기 때문이며, 앞에서 보았듯이 타디스 내부의 인과 방향을 따르기 때문이다. 따라서 2040년 런던 타디스는 2040년 케임브리지 타디스와 동시이며, 여전히 전자는 후자에 의존한다. 2040년에 런던에 있는 타디스는 동일성이 요구하는 모든 면에서 2050년 케임브리지 타디스를 통하여 2040년 케임브리지 타디스에 의존한다. 또 우리는 앞에서 동일성이 통상적으로 요구하는 다른 모든 것(예를 들어 케임브리지 타디스와 런던 타디스가 연속적인 세계선으로 연결)도 필요하면 제쳐두자고 했다. 사정이 이렇기 때문에, 그림 5의 상황은 과거로 가는 시간 여행에 새로운 장애물이 되지 못한다.

누가 타디스를 만들었나?

방금 나온 문제는 다음과 같이 피할 수 있을 것이다. 말하자면, 타디스가 2050년에 사라지고 1950년에 도착하며, 이것이 런던 과학 박물관에 보관되었다. 이것이 한 세기 동안 보존되었다가, 시간 여행 희망자들이 타임머신을 만들려고 궁리하다 이미 과학 박물관에 완전한 설명서와 함께 있다는 것을 기억해냈다. 그들은 2050년에 이것을 박물관에서 꺼내어 설명서를 읽고 1950년을 향해 출발했다.

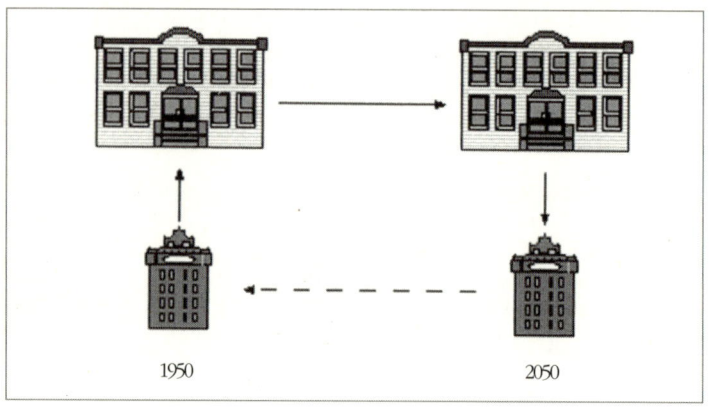

그림 6 ● 타디스는 언제 만들어졌나

　이렇게 되면 타디스는 결코 두 장소에 동시에 있지 않고, 따라서 여러 기계가 존재하는 문제는 생기지 않는다(그림 6). 하지만 여기에서는 복제품이 아니라 원본이 문제이다. 언제 어떻게 누가 타디스를 만들었나? 답은 물론 이 기계는 결코 만들어지지 않았고, 어떤 방법으로 누구에 의해서도 만들어지지 않았다. 그러나 이것은 두 장소에 동시에 있다는 문제를 해결하기 위해 더 큰 문제를 도입한 것이 아닌가?

　꼭 그렇지는 않다. 여기에서도 시간 여행에 대해 생각해볼 여지가 있다. 이 이야기는 앞의 것과 마찬가지로 자연 법칙에 어긋나는 것처럼 보인다. 타디스가 2050년에 사라지고 1950년에 나타나는 것은, 예를 들어 질량보존 법칙과 에너지 보존 법칙에 어긋나는 것 같다. 하지만 이런 법칙들은 앞에서 나온 광자에 대한 법칙처럼 시간 여행이 없을 때만 성립하는 것일 수 있다. 이 법칙들이 모든 곳에서 성립해서 시간 여행이 불가능하다고 해도, 이것이 스스로 필연적이지는 않다. 법칙이 다른 세계가 있다면 시간여행은 가능할 것이기 때문이다. 여기에서도 과거로 가는 시간여행이 절대적으로 불가능하다는 증명은 찾을 수 없다.

시간 여행 : 풀 수 없는 문제

과거로 가는 시간 여행에 대한 진정한 반박은 가장 잘 알려져 있었지만 철학자들에게는 가장 받아들여지지 않은 것이다. 이것은 공룡 사냥 이야기의 암시와 반대의 것이다. 말하자면 과거로 가면 출발 당시의 상황을 없애버릴 수 있는 어떤 일을 할 수 있다는 것이다. 이렇게 되면 모순이 생기므로, 과거로 가는 시간 여행은 불가능하다.

이 반대에 대한 표준적인 대답은, 시간 여행자가 주의 깊게 행동해서 모순을 일으킬 만한 일을 저지르지 않기만 하면 된다는 것이다. 시간 여행 이야기가 모순될 수도 있다는 것만으로는 이것이 반드시 모순이라는 뜻은 아니다. 무엇보다도, 우리는 어떤 이야기든 모순되게 할 수 있다. 예를 들어 처음에는 질과 제인이 자매라고 했다가 나중에는 아니라고 할 수 있다. 이런 불필요한 모순이 자매가 불가능하다고 증명하지 않듯이, 과거로 가서 출발

상황을 교란시킬 수 있다는 가능성만으로 과거로 가는 것이 불가능하다고 증명되지는 않는 것이 아닌가?

이 응답이 왜 반대를 잠재우지 못하는지 보기 위해서, 과거로 가는 것이 어떤 일을 끌고 오는지 더 자세히 보아야 한다. 문제를 단순하게 하기 위해, 공룡 사냥 대신에 시간 여행자 잭1이 젊은 자기인 잭2를 만난다고 하자, 잭이 둘인 것은 타임머신이 둘인 것 이상의 문제를 일으키지 않는다. 그러나 이제 잭1과 잭2가 서로 같다는 것을 알고, 재산이나 여자 친구를 누가 차지할 것인지를 두고 싸워서 둘 중 하나가 죽는다고 하자. 잭2가 잭1을 죽일 때는 별 문제가 없다(이것은 단순히 장기간에 걸친 자살이다!). 그러나 잭1이 잭2를 죽이면 젊은 자기를 죽이기 때문에 더 살다가 과거로 올 잭1도 없어진다. 이것은 잭1이 시간 여행을 한다는 가정에 모순되고, 잭1과 잭2가 존재해서 서로 싸울 수도 없게 된다. 짧게 말해서, 젊은 잭은 늙은 잭을 죽일 수 있지만 반대로는 될 수 없다는 것이다. 그러나 이런 싸움이 일어난다면 양쪽 방향으로 모두 갈 수 있어야 한다. 하지만 아무 방향으로나 갈 수 있도록 보장되지 않기 때문에 싸움은 일어날 수 없고, 따라서 과거로 가는 것은 불가능하다.

더 정확하게, 싸움의 결과는 보통의 싸움과 마찬가지로 누가 더 힘이 세고 재주가 있는지에만 따라야 한다. 싸움꾼이 어떻게 거기에 왔는지, 어디에서 왔는지 따위는 무관하다. 이것이 내가 다음과 같이 말한 이유이다. "타디스와 그 승객이 1950년에 어떤

가에 있기 위해서는, 그들은 보통 사람과 사물이 상호작용하는 것과 똑같이 다른 사람이나 사물과 상호작용할 수 있어야 한다." 물론 잭1도 그래야 한다. 잭1이 잭2가 있는 곳에 있기 위해서는, 그는 잭2와 다른 누군가가 할 수 있는 것과 똑같이 상호작용할 수 있어야 한다. 예를 들어 이 상황에서 제임스가 먼저 쏴서 잭2를 죽일 수 있고, 제임스는 과거에서 오지 않았다는 것만 제외하면 잭1과 완전히 동일하다. 그러면 잭1은 제임스처럼 먼저 쏘기만 하면 잭2를 죽일 수 있어야 한다. 하지만 그는 그렇게 할 수 없다. 잭2가 잭1에 의해 살해 당하면 모순이 생기기 때문이다. 그러나 아무것도 동시에 가능하면서 불가능할 수는 없기 때문에(이것이 바로 모순이다), 이런 상황은 일어날 수 없다. 그러나 잭이 과거로 가서 젊은 자기를 만난다면 이런 일이 일어날 수 있어야 한다. 따라서 이것은 불가능하다.

　이런 이유로 실제로 일어난 일에 대해 정합적으로 이야기할 수 있다는 것만으로는 과거로 가는 시간 여행이 가능하다고 증명할 수 없다는 것이다. 과거로 가는 이야기는 어떤 상황이 벌어져도 모순이 없어야 한다. 예를 들어 잭1의 총에 맞아서 잭2가 죽을 수 있다. 그러나 이 모든 사실에 대해 모순이 없을 수 없고, 미래에서 온 여행자는 자기의 출발의 근거가 되는 사건에 잠재적으로 전혀 영향을 주지 않으면서 과거에 있을 수는 없다. 이것이 과거 시간 여행이 불가능한 이유이다. 여기에 반대하는 사람들은 왜 이런 일이 결코 일어나지 않는지 설명하지 못한다. 과거로의 시간 여행이 일어난 적이 없다는 것을 우리가 알기 때문에, 앞으로도 절대로 일어나지 않을 것이다.

· Earman, J., 'Recent work on time travel', in *Time's Arrows Today: Recent Physical and Philosophical Work on the Direction of Time*, ed. S. F. Savitt, pp. 268-310, Cambridge: Cambridge University Press, 1995.

· Grunbaum, A., 'The anisotropy of time', in *Philosophical Problems of Space and Time*, pp. 209-280, London: Routledge & Kegan Paul, 1964.

· Harrison, J., 'Dr Who and the philosophers, or time-travel for beginners', *Proceedings of the Aristotelian Society* 45 (1971), 1-24.

· Hawking, S. W., 'The arrow of time', in *A Brief History of Time*, pp. 143-153, New York: Bantam, 1988

· Horwich, P., '*Asymmetries in Time: Problems in the Philosophy of Science*', Chapters 3, 4, 6 and 7, Cambridge, MA: MIT Press, 1987.

· Lewis, D. K., 'The paradoxes of time travel', in *The Philosophy of Time*, ed. R. Le Poidevin and M. MacBeath, pp. 134-146, Oxford: Oxford University Press, 1993 [First published in the *American Philosophical Quarterly*, 13 (1976), 145-152.]

· Mellor, D. H., *Real Time II*, Chapters 10-12, London: Routledge, 1998

· Reichenbach, H., *The Direction of Time*, ed. M. Reichenbach, Berkeley University of California Press, 1956.

TIME

서론

대부분의 독자들은 이 장의 제목을 보고 좀 의아하게 생각할 것이다. 어쩌면 '유전학'이 아니라 '물리학'인데 인쇄가 잘못된 게 아닐까? 대부분의 사람들은 시간에 대한 과학적 연구가 이론 물리학과 수학의 영역임을 잘 알고 있다. 이런 주제는 다른 장들에서 다룰 것이고, 여기에서는 시간의 생물학, 특히 시간이 어떻게 생명의 유전체(게놈)에 부호화되는지 살펴볼 것이다.

박테리아, 식물, 초파리, 사람의 생물학적 시간은 주기적인 활동에 의해 표현된다. 예를 들어 생물의 하루 주기 시계는 이 논의의 주요 주제이다. 이것은 행동과 생리에 나타나는 24시간 주기로, 지구상에 살아가는 거의 모든 고등 생물에 나타난다. 물론 시간 규모에는 여러 가지가 있어서 24시간보다 짧은 것도 있고 긴 것도 있다. 이것들은 모두 생물학적으로 중요하다. 하루보다 긴 주기를 보면, 인간 여성의 배란은 한 달 주기를 나타낸다. 가축화된 대형 포유류는 1년 주기로 번식하는데, 이것은 낮의 길이와 밀접하게 연관되어 있다. 여러 해에 걸친 주기도 있다. 예를 들어 어떤 곤충은 6,7년 주기로 창궐한다. 하루보다 짧은 쪽을 보면, 사람이 잠들었을 때 일어나는 빠른 안구 운동(REM; rapid eye movement)이 60-90분 주기이고, 초파리의 사랑 노래는 60초 주기이며, 사람의 호흡과 맥박은 1초 주기이고, 뉴런의 활동은 백만분의 1초 주기로 일어난다. 이 모든 리듬의 형태는 생명의 유전적 잠재성 속에 부호화되어 있다. 따라서 네 번째 차원인 생물학적 시간은 3차원 DNA 분자에 의해 생성된다.

생물학적 시간의 역사

생물학적 시간에 대한 연구는 알렉산더 대왕 시대까지 거슬러 올라간다. 알렉산더의 원정에 따라갔던 철학자 안드로스테네스(Androsthenes)는 식물이 낮에 태양을 향해 잎을 들어올렸다가 밤에 내리는 것을 언급했다. 이 관찰은 18세기 프랑스 철학자 드 마리앙(Jean Jacque of Ortous de Marian)에 의해 확인되고 확장되었다. 그는 암실에서 식물의 잎의 움직임을 관찰하는 세심한 실험을 했고, 빛이 없을 때도 여전히 잎이 주기적으로 움직여 낮이라고 여겨지는 때에 올라가고 밤이라고 여겨지는 때에 내려가는 것을 확인했다. 1729년에 발표된 드 마리앙의 논문은 생물학적 시간에 대한 최초의 과학적 논의였다. 그는 24시간 주기 생체 시계가 있을지도 모른다고 논했고, 이것 때문에 외부 자극이 없어도 잎의 주기적인 운동이 유지된다고 보았다. 거의 동시대 사람인 스웨덴의 위대한 식물학자 겸 분류학자 카롤루스 린네도 주기적인 식물의 움직임을 알고 있었다. 그는 식물이 종류에 따라 하루 중에 각각 다른 시간에 꽃봉오리를 피우는 것을 보았다. 린네의 정원에는 꽃이 피는 식물들이 가득히 있었고, 그는 어떤 꽃

봉오리가 열렸는지만 보고도 시간을 알 수 있었다.

그후 200년 동안은 그리 많은 일이 일어나지 않았다. 그러다가 20세기 중반 에르빈 버닝(Erwin Bunning)이 식물의 하루 주기 연구를 시작했고, 콜린 피텐드리히(Lolin Pittendrigh)는 초파리가 빛이나 열과 같은 외부 자극에 반응하는 것을 관찰해서 초파리 생체 시계의 메커니즘을 탐구했으며, 위르겐 아쇼프(Jürgen Aschoff)는 격리된 상황에서 사람의 수면 주기를 관찰했다. 하루 주기 순환은 지금까지 가장 흥미롭고 압도적인 생물학적 리듬이어서, 연구자들은 여기에만 매달리는 경향이 있다. 게다가 1년 주기보다 하루 주기가 연구하기 쉽다. 누가 실험 한 번을 위해 1년을 기다리겠는가?

'시차병' 과 시계 문제

1960년에 뉴욕의 콜드 스프링 하버 연구실(Cold Spring Harbor Laboratory)에서 열린 유명한 심포지움을 계기로 하루 주기 연구는 중요성을 인정받았다. 인간에게 하루 주기 생체 시계가 중요하다는 것이 알려진 것과 거의 동시에 이 연구가 인정받은 것이다. 대륙간 비행기 여행자들을 괴롭히는 병에 '시차병(jet lag)'이라는 이름이 붙었고, 생체 시계의 기능 장애 때문에 일어난다고 여겨졌다. 1930년대의 대담한 비행사였던 윌리 포스트(Wiley

Post)는 8일만에 세계를 일주하면서 처음으로 피로감과 방향감각 상실 등의 증세를 지적했다. 시간대 사이를 빠르게 건너가는 일은 최근에야 시도되었고, 처음에는 이런 여행에서 사람의 하루 주기 생체 시계가 어떤 영향을 받는지 알려져 있지 않았다.

자전하는 행성을 일주하는 여행자에게 일어나는 시간의 역설은 마젤란의 부하 안토니오 피가페타(Antonio Pigafetta)가 보고한 적이 있다. 피가페타는 1519-1522년 사이의 3년에 걸친 역사적인 세계일주를 하면서 일기를 썼다. 그는 선원의 90%가 죽고 마젤란마저 필리핀에서 살해당한 지옥같은 항해를 매일 기록했다. 피가페타는 고난의 3년을 보내고 1522년에 아조레스에 도착했을 때, 그 지역 사람들이 요일을 다르게 말하는 것을 보고 놀랐다. 그들은 목요일이라고 말했지만, 그의 일기에 따르면 그날은 분명히 수요일이었다. 당연히 그는 지구를 천천히 한 바퀴 돌면서 정지해 있는 사람들에 비해 하루를 덜 센 것이었다. 그리니치의 시민들은 여러 해 전에 국제 날짜선이라는 것을 정했다. 이것은 어제와 오늘을 구별하는 임의의 선으로, 자전하는 행성에서 필요한 것이다. 그리니치 사람들은 자신들에게 가장 먼 곳을 날짜선으로 정해 될 수 있는 대로 불편을 피하려고 했다. 이런 이유로 국제 날짜선은 그리니치의 반대편인 오스트레일리아를 지나가게 되었다.

피가페타는 아주 느리게 여행했으므로, 스페인에서 서쪽으로 여러 시간대를 지나면서도 불편한 일을 겪지 않았다(굶주림, 질병, 전투를 빼고). 하지만 400년 뒤의 윌리 포스트에게는 사정이 달랐다. 시차병의 가장 극적인 예가 1993년 8월 쿠바에서 아메리칸 항공 소속 플라이트 808기가 추락했을 때 승무원들의 근무 일정을 조사하면서 알려졌다. 사실 항공 사고의 70% 이상이 생체 시계와 외부 환경의 차이 때문에 승무원들이 피로해져서 일어난다고 한다. 게다가 비행기를 타지 않는데도 시차병에 걸리는 사람들이 있다. 서구의 노동 인구 중 1/4이 교대 근무를 하는데, 교대 근무를 할 때 건강이 악화되고 심각한 산업 재해가 증가한다는 보고가 있다. 이런 예들은 치료 대책을 위해 생체 시계 연구가 필요함을 보여준다. 가장 비극적인 산업 참사(체르노빌과 스리마일 섬의 원자로 고장, 보팔 화학 공장 폭발)는 교대 근무자들이 이른 새벽에 실수를 저질러서 일어났고, 미국의 자동차 사고도 새벽에 가장 많이 일어난다. 이것은 인간의 여러 가지 생리적 주기에 따른 것이다. 사람들은 새벽에 집중력이 가장 떨어지며, 동작 검사나 정보 처리 검사도 새벽에 실시할 때 가장 낮은 점수가 나온다.

이러한 발견들 때문에 인간의 하루 주기 생리와 인지 기능에 대한 기초 연구가 시작되었다. 특히 미국 육군과 같은 기관에서 이런 연구가 이루어졌고, 인간의 거의 모든 행동에서 하루 주기 순환이 나타난다는 것이 알려졌다. 의학적으로는 1970년대에 수행된 유명한 동물 연구에서 하루 중 특정한 때에 투약하면 항암제의 효과가 상당히 커진다는 것도 밝혀졌다. 방사선 치료도 하루 중에서 특정한 때에 실시했을 때 부작용이 현저히 줄어드는 것이 알려져서, 생체 시계의 연구가 암 치료에도 도움이 된다는 명백한 실마리가 나왔다. 거대 제약 회사들이 하루 주기 연구에 대규모로 투자한 것도 놀랄 일이 아니다.

기본적인 생체 시계 현상

인간의 하루 주기 행동뿐만 아니라 박테리아, 식물, 동물에 대한 연구도 오랫동안 수행되었다. 그 결과 하루 주기 순환은 대부분의 생물에서 많은 측면이 서로 비슷함이 알려졌고, 배후의 메커니즘도 아주 비슷할 것으로 추측된다. 하루 주기 리듬의 기본 성질은 다음과 같다.

1. 변하지 않는 상황(대개 일정한 어둠과 일정한 온도)에서, 24시간에 가까운 주기가 스스로 유지된다.
2. 스스로 유지되는 리듬은 빛이나 온도 또는 심지어 사회적인 자극을 짧게 가해도 바뀔 수 있다. 이른 저녁이라고 여겨지는 시간에 빛 자극을 주면 대개 리듬이 지연되며, 여러 시간이 지연되는 경우도 많다. 반대로 늦은 밤이라고 여겨지는 시간에 자극을 주면 순환이 빨라진다. 낮 동안의 자극은 대개 별 효과가 없다. 하루 중의 여러 시기에 주어지는 자극에 대한 반응의

형태를 시기 반응 곡선(PRC; phase response curve)이라 하며, 여러 생명체들이 나타내는 여러 종류의 리듬이 서로 상당히 유사하다.

3. 새로운 시간 환경에 맞춰 리듬을 훈련시킬 수 있다. 따라서 영국에서 뉴욕으로 여행해서 생체 시계에 다섯 시간의 지연이 생겨도 새로운 명암 순환에 맞출 수 있다. 생체 시계를 새로운 환경에 맞추는 동안에 '시차병'이 생긴다. 그러나 결국은 새로운 시간대에 적응된다. 하루 주기 시계를 다른 시간대에 적응시키는 것은 시계가 외부 자극에 반응하는 방식 또는 앞에서 말한 PRC와 밀접한 관련이 있다.

4. 하루 주기 리듬은 시계이지 온도계가 아니어서, 24시간 주기는 넓은 온도 범위에서 크게 짧아지거나 길어지지 않는다. 생화학적 반응을 생각해 보자. 온도를 섭씨 10도 올리면 반응이 두 배 빨라진다. 생체 시계의 24시간 주기는 이 규칙을 따르지 않으며, '온도 보정'이 꽤 잘 된다. 그렇지 않으면 환경 변화가 심할 때 시간을 잘 맞추지 못하게 된다. 특히 변온동물(변온 동물은 체온을 조절하지 못한다)에게 이런 성질이 중요하다.

초파리 시계의 유전학적 분석 - '주기' 돌연변이

1960년대 후반까지의 24시간 주기 시계의 연구는 주로 생체 시계가 다양한 외부 자극에 어떻게 반응하는지 살펴보고, 간접적으로 시계의 메커니즘을 조사하는 일이었다. 생체 시계가 분자 수준에서 어떻게 작동하는지에 대해 몇 가지 경쟁 이론이 있었지만, 그것들은 단지 이론일 뿐이었다. 1971년이 되어서야 젊은 대학원생 로널드 코노프카(Ronald Konopka)가 초파리의 24시간 주기 행동에 대한 유전학적 분석을 발표했고, 이것이 난해한 분자 메커니즘을 해부하는 출발점이 되었다. 그런 다음에도 조각그림을 어느 정도 끼워 맞추는 데 거의 20년이나 걸렸다.

코노프카는 돌연변이를 유발하는 물질을 초파리에게 먹였고, 돌연변이가 일어난 수많은 개체를 걸러내서 24시간 주기에 돌연변이를 일으키는 물질을 골라냈다. 이 시험에서는 애벌레가 성체로 바뀔 때의 24시간 주기도 포함되었다. 초파리는 알에서 유충, 번데기, 고치의 단계를 거쳐 성체가 되어 나온다. 성체가 되어 나올 준비가 끝난 초파리는 하루의 아무 때나 나오지 않는다. 초파리는 하루 중에서 습도가 가장 높은 새벽까지 기다렸다가 나오는 것이다. 초파리의 영어 이름인 드로소필라(drosophila)는 '이슬을 좋아한다'는 뜻이어서, 이 이름을 지은 사람의 뛰어난 분류학적인 감각을 잘 보여준다. 초파리가 진화한 아프리카에서는 햇볕이 뜨거운 한낮에 건조를 막는 것이 아주 중요했다. 새로 나온 초파리는 외피가 부드럽고 다공질이어서 말라 죽기 쉽다. 외부 골격이 생겨나서 몸속의 수분을 쉽게 빼앗기지 않게 되려면 여러 시간이 걸린다. 새로 고치를 깨고 나오는 초파리는 영특하게도 새벽에 어른이 되어 세상 밖으로 나가는 것이다. 초파리가 세상 밖으로 나갈 준비를 마친 때가 오후이면, 이 초파리는 다음 날 새벽까지 기다린다. 따라서 발생이 시작된 시기가 일정하지 않은 초파리 애벌레들을 일정한 어둠과 온도 속에서 관찰하면, 애벌레가 24시간마다 한꺼번에 초파리가 되어 나가는 것을 관찰하게 될 것이다.

코노프카는 돌연변이가 일어났을 것으로 추정되는 초파리들에서 성체가 되어나가는 패턴이 비정상인 놈들을 찾아보았고, 세 종류를 발견했다. 하나는 19시간 주기를 보였고, 다른 하나는 29시간, 다른 하나는 리듬이 없었다. 그는 개별 돌연변이들을 작은 방에 넣었다. 한쪽 끝에 음식을 두고, 반대쪽 끝은 마개로 막아 도망가지 못하게 하고, 적외선 탐지기로 여러 날에 걸쳐 일정한 어둠과 온도 속에서 이동 주기를 측정했다. 이런 조건에서 초파리는 사람과 마찬가지로 수면-각성 순환을 보인다(그림 1). 애벌레들은 낮이라고 생각되는 동안 돌아다녔고, 밤에는 쉬었다. 최근의 연구에 따르면 이러한 휴지 주기는 생리학적으로나 행동적으로 사람의 수면과 아주 비슷하다. 이러한 수면-각성 리듬은 어둠 속에서도 24시간 주기를 보여서, 초파리에게 24시간 주기 생체 시계가 있다는 것을 보여준다. 주기가 짧아진 돌연변이 개체들은 19시간 주기의 수면-각성 순환을 나타냈고, 주기가 길어진 돌연변이 개체들은 29시간 주기를 나타냈다. 마지막으로 세 번째 돌연변이 개체들은 불면증에 걸린 것처럼 아무런 리듬을 보이지

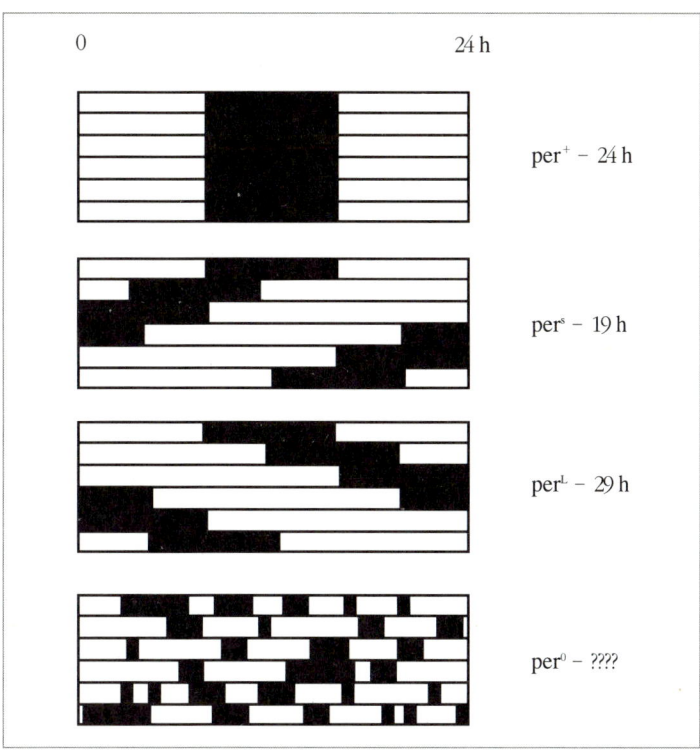

그림 1 ● 그림은 코노프카와 벤저의 돌연변이 생성 결과를 보여준다. 네 그림은 초파리 한 마리의 활동(검은색)과 휴지(흰색) 패턴을 일정한 어둠과 일정한 온도에서 6일 동안 기록한 것이다. 정상적인 초파리는 per+ 유전형이며, 24시간의 휴지-활동 주기를 보여서 매일 같은 시간에 활동을 시작하고 끝낸다. 돌연변이 pers(짧은 주기)는 몇 시간씩 일찍 활동해서 19시간 주기로 순환한다. 반대인 perᴸ(긴 주기) 돌연변이는 29시간 주기를 보인다. per⁰ 파리는 리듬을 나타내지 않는다.

않았다(그림 1). 집단 단위로 성체로 나오는 시간을 관찰하고 개체 단위로 수면-각성 순환을 관찰했을 때, 이 돌연변이들은 24시간 주기에 동일한 변화를 보였다. 따라서 초파리의 시계 메커니즘에 어떤 중요한 변화가 있었음이 드러났다.

세 돌연변이가 모두 X 염색체의 동일한 지점에서 일어난 것으로 분석되었다. 다시 말해 그들은 코노프카가 'period' 또는 'per'이라고 부른 유전자의 대립형질들이었다. 정상적인 per DNA가 손상되어서 짧은 주기의 per^s 돌연변이가 되거나, 주기가 긴 per^L 돌연변이가 되거나, 또는 리듬이 없어진 per^0 돌연변이가 된 것이다. 이 결과는 당시에 엄청난 충격으로 받아들여졌다. 다른 면에서는 완벽하게 적응적이고 건강한 개체가 주기적인 리듬을 보이지 않아서 per^{0}가 될 수 있다고 믿기 어려웠기 때문이다. 게다가 후속 연구에서 per 돌연변이들은 완전히 다른 종류의 주기적 행동에도 비슷한 변화를 보인다고 알려졌다.

파리의 사랑 노래 - 생체 시계와 종분화

초파리는 수컷이 사랑 노래를 부른다. 초파리 수컷은 암컷에게 구애할 때 날개를 펼쳐서 흔들면서 음향 신호를 만들어낸다 (그림 2a). 이 사랑 노래는 펄스들로 이루어지고, 펄스 사이의 간격(IPI; interpulse intervals)은 종(種)에 따라 다르다. 멜라노가스터 종(Drosophila melanogaster) 수컷의 평균 IPI는 35밀리초(ms)이고, 가까운 종인 시뮬런스 종(Drosophila Simulans)의 평균 IPI는 45밀리초이다. 암컷들은 같은 종의 IPI만을 인지해서 다른 종

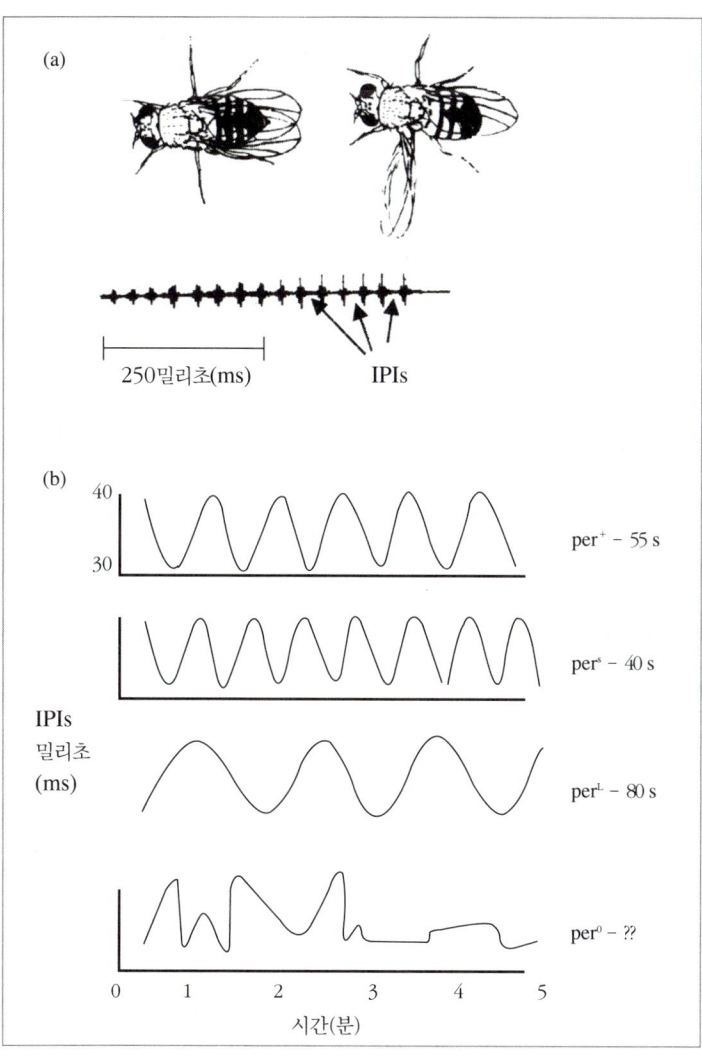

(a)

250밀리초(ms)   IPIs

(b)

40

30

per⁺ – 55 s

per^s – 40 s

IPIs
밀리초
(ms)

per^L – 80 s

per^0 – ??

0   1   2   3   4   5

시간(분)

그림 2 ● per 돌연변이들의 구애 노래 (a) 수컷은 날개를 펼쳐서 떨면서 음향 신
호를 만들고, 이것으로 암컷을 자극한다. 초파리 아래에 신호 펄스 15개와 펄스간
간격(IPI) 14개가 그려져 있다. 이 IPI의 평균은 멜라노가스터 종의 경우 대략 30-
40밀리초이다. (b) IPI는 정상인 수컷일 때 5분의 구애 기간 동안에 55초 주기의
순환을 보였다. per 돌연변이는 구애 노래의 순환 주기(per⁰는 순환 주기를 보이
지 않는다)가 24시간 행동 주기와 똑같은 형태를 보여 주었다.

과의 짝짓기를 피한다고 여겨진다. 종이 다른 암수가 짝짓기해서 나온 후손은 번식을 할 수 없어서 다음 세대에 유전자를 전달하지 못한다. 그러나 IPI는 고정되어 있지 않다. 예를 들어 평균보다 긴 40밀리초로 시작해서 점점 짧아져서 32밀리초가 되었다가 다시 길어질 수 있다(그림 2b). IPI는 1분 간격으로 순환하면서 반복된다. 멜라노가스터 종과 가장 가까운 친척인 시뮬런스 종도 IPI가 변하지만 주기는 더 짧아서 30-45초쯤 된다. 두 종 사이의 단순한 유전적 교차의 결과를 보면, 사랑 노래 리듬의 이 특정한 차이는 X 염색체에 있는 유전자의 차이 때문이라고 추정된다.

per 유전자도 여기에 관련되어 있을 가능성이 크다. per^s 수컷이 부르는 사랑 노래는 40초로 짧은 주기를 가지고, per^{L}의 사랑 노래는 80초로 긴 주기이며, per^0 돌연변이의 노래에는 리듬이 없어서 그들이 보이는 24시간 생체 리듬과 일치한다(그림 2b). 24시간 생체 리듬과 그보다 짧은 주기의 생체 리듬에서 나타나는 이 상관관계는 per 유전자가 단순히 24시간 주기뿐만 아니라 일반적인 생물학적인 타이밍을 모두 부호화하고 있음을 보여준다. 그렇다면 시뮬런스 종의 per 유전자에 사랑 노래의 주기가 저장되어 있다고 할 수 있을까? 이 가설을 검증하려면 두 종의 per 유전자를 바꿔 보아야 한다. 실제로 per 유전자를 클로닝(cloning)해서 이 실험을 수행해 보았다. 시뮬런스 종의 유전자를 멜라노가스터 종의 숙주에 끼워넣었고, 숙주의 per 유전자는 per^0 돌연변이에 의해 비활성화되었다. 시뮬런스 종의 유전자를 받은 멜라노가스터 종 초파리는 정상적인 수면-각성 순환을 보였지만, 사랑 노래의 주기는 시물란스 종의 40초 리듬이었다. 이것은 짝짓기 행동의 중요한 측면에서 per 유전자의 역할을 확인해 주며, 종분화 과정에서 차지하는 per 유전자의 역할을 알려준다. 다윈은 성 선택(sexual selection)이 종의 진화에 필수 조건이라고 말했다. 무엇보다도, 짝을 고르는 데 관여하는 유전자는 성 선택에 참여할 수 있게 된다.

파리의 하루 주기 리듬의 분자적 기반

per 유전자는 60초 생체 리듬에서 중요한 역할을 한다. 그러면 이 유전자는 24시간 생체 리듬에 대해 어떤 역할을 할까? per 유전자의 클로닝은 1980년대 중반에 이루어졌지만, 이 유전자의 역할에 대해 본격적으로 알려진 것은 한참이 지나서였다. anti-PER 항체를 이용해서 초파리의 몸속에서 per 유전자의 산물인 PER 단백질을 찾아내면서 최초의 돌파구가 열렸다. PER 단백질은 뇌의 외측 뉴런(lateral neuron)에서 발견되었다. 이 단백질은 아주 많은 양이 순환되고 있으며, 밤에 많아지고 낮에 줄어든다. 게다가 더 자세히 조사해 보니 PER 단백질이 늦은 밤에 갑자기 뉴런의 세포질에서 핵으로 이동하는 것으로 드러났다. 또한 per mRNA(전령 리보핵산)가 초파리의 머릿속에서 대량으로 순환되는 것이 관찰되었고, 이른 밤에 최대가 되고 깊은 밤에 최저가 되었다. per mRNA가 가장 많아지는 때와 PER 단백질이 가장 많아지는 때는 대략 여섯 시간쯤 차이가 있어서 PER 단백질이 많아지면 RNA가 줄어들고, RNA가 많아지면 PER 단백질이 줄어든다. 이런 사실로 미루어 보아, PER 단백질은 깊은 밤에 핵 속으로 들어가서 자기를 만드는 유전자를 억제한다. 낮 동안에 PER 단백질이 사라지면 유전자가 활성화되어 per 전사가 다시 시작된다. 이것은 PER 단백질이 자가 억제 작용을 한다는 뜻이다(이 책의 중간에 수록된 4장 도판1 · 2를 참조할 것).

자기의 유전자를 활성화하거나 비활성화하는 단백질을 전사 인자(transcription factor)라고 하며, 이런 단백질에는 DNA에 달라붙을 수 있는 구역 또는 '도메인'이 있다. 예를 들어 발생을 주관하는 유전자에서 발견된 '호메오도메인(homeodomain)'은 다른 유전자들을 켜고 끌 수 있다. 그러나 PER 단백질에는 분명한 DNA 부착 구역이 없다. 그렇다면 PER 단백질은 어떻게 자기 유전자를 억제할까? 이 억제 작용은 간접적으로 일어날 것이다. PER 단백질에는 'PAS'라는 구역이 있다. 이 이름은 처음으로 이 구역이 확인된 단백질인 PER, ARNT, SIM에서 따온 것이다. PAS는 단백질-단백질 상호작용을 촉진하는 구역이다. 예를 들어, 포유류의 ARNT 단백질과 AHR 단백질은 각각의 PAS 구역을 통해 달라붙는다. 제3의 부착 분자가 있으면 이것이 핵으로 이동해 전사 인자로 작용해서 다른 유전자를 조절할 수 있다. 다

이옥신도 이런 분자의 일종이어서 DNA에 돌연변이를 일으킬 수 있다. ARNT와 AHR은 PER과 달리 'bHLH'(basic helix-loop-helix)라는 DNA 부착 구역을 가지고 있어서 DNA에 달라붙을 수 있다.

PER 단백질에 있는 PAS 구역이 다른 단백질과 물리적으로 상호작용하고, 이 단백질에도 DNA부착 구역이 있어서 per 유전자에 달라붙어 자가 억제 작용을 할 수 있을까? 실제로 이런 일이 일어난다는 것이 알려졌다. 'Clock'와 'cycle' 유전자에 돌연변이가 일어나면 초파리의 활동 리듬이 손상된다. 이 유전자들을 분자 수준에서 연구해 보니, 이것들은 둘 다 bHLH와 PAS 구역을 부호화하고 있는 것으로 나타났다. 또한 CLOCK과 CYC 단백질은 PAS 구역을 통해 서로 연결되고, 그 자신은 per 유전자의 바로 앞쪽에서 발견된 짧은 DNA인 'E-box'에도 붙어 있음이 알려졌다(도판 2). 이 E-box는 per 유전자의 프로모터에 있다. 이것은 유전자를 mRNA로 전사하기 위해 DNA에 달라붙는 영역이다. PER 단백질이 있으면 PER-PAS 구역이 CLOCK-CYC PAS 구역을 방해해서 per의 E-box에 제대로 달라붙지 못하게 막는다. PER은 이러한 메커니즘에 의해 자신의 전사를 억제한다(도판 2).

또한 PER 단백질은 PER-PAS 구역을 통해 'TIMLESS'(TIM) 단백질에도 달라붙는다. TIM 단백질과 mRNA는 per 유전자 산물과 비슷한 방식으로 순환하므로, TIM도 자기 자신의 유전자를 억제하는 효과를 나타낸다(도판 1, 2). per와 tim mRNA가 이른밤에 생산되어 세포질로 이동하고, 거기에서 PER와 TIM 단백질로 번역된다. 깊은 밤에 이 단백질들이 많아지면 PER–PAS 구역을 통해 결합해서 핵 속으로 들어간다. tim 유전자에는 per와 마찬가지로 E-box가 있고, 양의 인자 CLOCK-CYC가 여기에 스스로 달라붙는다(도판 2). 따라서 TIM 단백질은 PER 단백질을 핵 속으로 끌고 가고, PER 단백질도 CLOCK과 CYC를 방해해서 tim의 전사를 막는다. 놀라울 것도 없이 tim은 per 돌연변이와 마찬가지로 파리의 행동 리듬을 바꾸거나 없앨 수 있다.

TIM 단백질은 빛에 민감하다. TIM 단백질은 빛이 들어오자마자 분해되고, 조금 뒤에는 PER 단백질도 분해된다. TIM 단백질이 없을 때는 PER 단백질도 불안정하기 때문이다(도판 2). 이 현상은 생체 리듬이 어떻게 빛 자극에 의해 교란되는지 이해하는 데 매우 중요하다. 앞에서 나온 PRC(phase response curve)를 상기하자. 어둠 속에서 스스로 유지되는 24시간 리듬은 다른 많은 것들과 마찬가지로, 짧은 빛 자극에 대해 전형적인 반응을 보일 것이다. 이른 밤의 빛 자극은 리듬을 지연시킨다. 깊은 밤의 빛 자극은 리듬을 앞당긴다. 따라서 이른 밤에 주어지는 빛 자극은 TIM 단백질을 분해한다. 하지만 이때는 tim mRNA가 많이 있어서 TIM 단백질이 다시 만들어진다(도판 1). TIM 단백질이 파괴되는 데 걸리는 시간과 TIM 단백질의 양이 원래대로 회복되는

데 걸리는 시간이 다르기 때문에 분자 순환에 지연이 일어난다. 늦은 밤에 빛을 쬐면 TIM 단백질이 분해되는 만큼 다시 만들어 낼 tim mRNA가 없기 때문에 TIM 단백질 양이 회복되지 못한다(도판 1). 이렇게 해서 TIM 단백질의 양은 낮 동안의 전형적인 값과 같이 아주 낮아지므로 리듬이 앞으로 당겨진다. 이렇게 해서 하루 중의 시기에 따라 빛 자극에 대해 다르게 반응하는 이유가 설명된다. 이것은 생물의 복잡한 행동 반응을 설명하는 분자 생물학의 눈부신 성과의 대표적인 예이다.

　TIM 단백질이 빛에 민감하게 반응하는 이유는 'CRYPTO-CHROME'(CRY) 단백질 때문이다. 이 단백질은 다른 생명체에서 파란 빛의 수용기로 작용한다고 알려져 있다. 빛이 들어오면 CRY 단백질이 활성화되고, 이것은 TIM 단백질과 결합해서 PER-TIM 복합체가 CLOCK-CYC와 상호작용하는 것을 방해한다(도판 2). 다시 말해 CRY 단백질은 낮 동안에 CLOCK-CRY가 per과 tim 유전자를 전사하는 작업을 하도록 둔다. 따라서 낮에는 CRY가 per과 tim 유전자를 활성화시킨다. 또한 CRY 단백질은 빛이 있을 때 TIM 단백질을 분해하는 데도 관여하는 것으로 보인다(도판 2). 어둠 속에서 TIM과 CRY 단백질이 빛에 노출되지 않아도 24시간 주기가 잘 지켜지는 것으로 보아, CRY 단백질은 어둠 속에서 시계를 돌리는 데 쓰이지 않을 것이다. CRY 단백질은 단지 빛 속에서 per과 tim 유전자의 활성화를 촉진한다. 완전한 어둠 속에서는 TIM 단백질도 분해되는데, 다른

24시간 제어 분해 경로가 활성화되기 때문이다. 분자 순환은 어둠 속에서도 작동하며, 빛은 단지 분자 순환을 촉진할 뿐이다.

마지막으로, 'doubletime' (dbt)이라고 불리는 또 다른 유전자의 돌연변이도 파리의 24시간 수면-각성 순환 주기를 극적으로 변화시킨다. dbt 유전자는 '카세인 키나제(casein kinase)' 또는 DBT라고 부르는 단백질을 부호화한다. PER 단백질이 세포질 속에서 만들어지면 DBT에 의해 인산화되는데, 이 과정은 PER 단백질의 구조를 변화시켜서 바로 분해되도록 한다(도판 2). 따라서 이른 밤에는 PER 단백질이 만들어지자마자 DBT에 의해 파괴된다. TIM 단백질의 양이 많아지면 DBT의 작용이 억제되고, 마침내 PER 단백질이 충분히 축적되어 TIM 단백질과 결합하여 핵으로 이동한다(도판 2). 따라서 DBT는 per mRNA가 가장 많아지는 때와 PER 단백질이 가장 많아지는 때 사이를 결정적으로 지연시킨다. 이 지연이 일어나지 않는다고 생각해 보자. per mRNA가 전사되는 즉시 PER 단백질로 번역되고, PER 단백질은 바로 핵으로 이동한다. PER 단백질은 자가 억제 작용으로 자기 자신의 전사를 아주 빠르게 억제하며, 따라서 분자적인 전사/번역에 의한 24시간 주기가 생성될 수 없다. per mRNA 생산과 PER 단백질 작용 사이에 있는 여러 번의 시간 지연은 자가 억제 작용이 24시간 주기로 순환하도록 맞추어져 있다. 이 지연들을 짧게 하면 주기도 짧아질 것이다.

이제까지 설명한 몇 안 되는 시계 유전자들이 분자적인 주기를 만들어낸다. 억제 인자인 PER, TIM이 활성 인자 CLOCK, CYC와 상호작용을 한다. 주기를 생성하는 per mRNA와 PER 단백질 사이의 지연은 DBT에 의해 결정되고, CRY는 빛에 따라 24시간 주기를 조절하는 역할을 한다. 이것은 믿을 수 없을 만큼 단순하다. 다른 시계 성분들도 앞으로 확인될 것이다. 예를 들어 PER와 TIM을 분해하는 단백질이 알려질 것이며, 생체 시계 정보를 체내의 다른 부분에 전달하는 단백질도 확인될 것이다. 시계로 작동하는 외측 뉴런들은 뇌의 여러 영역과 연결되어 있다. 이 뉴런의 집단은 'PDF'(pigment-dispersing factor, 색소분산 인자)라고 부르는 호르몬도 만드는데, 이 호르몬은 뉴런의 말단부에 주기적으로 축적된다. pdf에 돌연변이가 일어나서 뉴런에 PDF가 없는 초파리는 24시간 주기의 행동을 보이지 않는다. (다른 유전적 조작으로) PDF를 완전히 제거해도 똑같은 효과가 나타난다. 따라서 PDF는 시계로 작동하는 세포에서 분비되어 체내의 다른 부위로 정보를 전달하는 호르몬 전달자의 후보이다.

여기에서 초파리의 생체 시계가 파리의 뇌뿐만 아니라 주변 조직에도 있다는 중요한 추측이 나온다. 예를 들어 PER과 TIM의 순환은 말피기 소체(파리의 신장)처럼 뉴런이 아닌 조직에도 발견되는데, 이것은 체내의 수분 평형(水分 平衡)에 나타나는 주기성을 담당한다. 루시페라제를 이용해서 초파리의 어느 부분에서 per 유전자가 발현되는지 정확히 알아보는 영특한 실험이 있었다. 냉광을 일으키는 효소인 루시페라제는 여러 생물에서 발견되었지만, 밤하늘을 아름답게 수놓으면서 구애를 하는 반딧불(실제로는 딱정벌레)로 가장 잘 알려졌다. 루시페라제 유전자를 per 프로모터에 연결한 다음에 다시 초파리에게 주입했다. 이 프로모터는 앞에서 말했듯이 per가 언제 어디에서 발현되는지를 조절하는 유전자의 부분이다. 이렇게 해서 루시페라제는 초파리의 몸속에서 per가 발현되는 조직에서 함께 발현되었다. 이 효소의 생성을 돕는 루시페린을 초파리에게 먹였고, 초파리는 '반딧불'이 되어서 24시간 주기로 빛을 내게 되었다. 그 결과로 더듬이부터 날개와 다리까지 초파리의 온갖 조직에서 주기적으로 빛이 나는 놀라운 광경이 연출되었다. 이렇게 해서 생체 시계는 다양한 주변 조직에서 발견되었다. 말피기 소체의 세포 하나도 그 자체로 자율적인 시계이다.

포유류의 시계

포유류의 생체 시계는 초파리의 것보다 훨씬 더 분석하기 어렵다. 포유류 중에는 햄스터와 생쥐의 시계가 분석되었다. 몇 해 전에 햄스터에서 자연 상태에서 나타나는 생체 시계 돌연변이인 '타우(tau)'가 발견되었다. 이 돌연변이는 하루 주기가 20시간으로 줄어 있었다. 돌연변이 햄스터와 정상인 햄스터 사이에 정교한 이식 수술 끝에 시상하부의 일부이며 오랫동안 24시간 시계로 추정되어온 상부시각교차핵(suprachiasmatic nucleus, SCN)이 돌연변이 행동의 해부학점 중심임이 밝혀졌다. 정상인 개체의 SCN을 제거하고 그 자리에 타우 돌연변이의 SCN을 이식하자 이 개체는 돌연변이의 짧은 주기를 보여주었다. 아주 최근에 타우 유전자가 확인되었다. 이것은 초파리의 시계에서 키나제에 연관된 dbt와 동등한 포유류의 돌연변이 대립유전자임이 알려졌다.

초파리와 포유류의 시계에서 나타난 놀라운 유사성을 단순한 우연의 일치로 보기 어려운 또 하나의 증거로, 생쥐의 돌연변이들 중에서 'Clock'이라고 부르는 리듬이 없는 변종이 확인되었다. 이 유전자는 초파리의 Clock와 동등한 것임이 알려졌다. 사실 생쥐의 Clock 유전자는 초파리의 유전자보다 먼저 확인되었다. 포유류에서 CYCLE에 해당되는 것도 분리되어서 'BMAL1'(또는 'MOP3')이라고 알려졌다. 생쥐에게는 per 유전자가 세 가지 있어서 mPer1, mPer2, mPer3가 있고, Cry 유전자는 두 가지로 mCry1, mCry2가 있다. 이러한 포유류 유전자의 중복성은 파리 유전자의 중복성과 비교되며, 이것은 포유류의 유전체(genome)가 오랜 옛적부터 중복되어 있음을 반영한다. 생쥐에는 tim 유전자와 동등한 것도 있다. 대체로 포유류의 시계는 초파리의 시계와 거의 비슷하게 동작한다. mPer 성분들이 SCN을 비롯한 여러 뇌 영역에서 순환하며, 그 자신의 mRNA를 억제하는 데 관여한다. 주요한 차이는 mCry 유전자가 mPer1과 마찬가지로 자가 억제의 주요 부분이어서, mPer 전사를 억제한다는 것이다.

따라서 mCry는 광수용 기능을 잃게 된다. 생쥐의 mCry 유전자에 중복해서 돌연변이를 일으키면 그 쥐는 리듬을 잃게 되어, mCry가 리듬을 생성하는 역할을 한다는 것이 확인되었다. 반면에 파리의 cry 돌연변이는 여전히 완고하게 24시간 주기 리듬을 보여주는데, 그것은 Cry가 광 수용기로만 작용하고 기본적인 시계 성분으로 작용하지 않기 때문이다. 물론 초파리의 cry 돌연변이가 빛에 반응해서 24시간 리듬이 잘못되는 경우도 있다. 다른 mPER 단백질은 물리적으로 서로 상호작용하여 파리의 TIM이 하는 역할을 맡을 수 있다. 따라서 아직 TIM의 기능은 불분명하다. mClock과 BMAL1(CYCLE) 단백질은 정확히 초파리에서 하는 일을 한다. 그것들은 활성 전사 인자이고 mPer 유전자의 E-box에 붙어있다.

마지막으로, 이러한 시계 분자들은 SCN 뉴런에서 24시간 주기로 방출되는 신경펩티드(neuropeptide)인 아르기닌 바소프레신에도 달라붙을 수 있다. 바소프레신 유전자는 CLOCK와 BMAL1에 달라붙는 E-box를 가지고 있다. 일단 달라붙은 바소프레신 유전자는 주기적으로 전사된다. 놀라울 것도 없이 Clock 돌연변이 생쥐는 바소프레신 전사 리듬이 없다. mPer 또는 mTIM 단백질을 추가해도 바소프레신 전사 리듬이 없어지며, 이것은 이 시계 제어 유전자들이 mPer 유전자가 스스로를 제어하는 것과 정확히 똑같은 방식으로 제어된다는 것을 보여준다.

생물학에서 초파리에 대한 연구가 어떤 의미가 있는지 묻는다

면, 여기에서 보여준 연구야 말로 매우 설득력이 큰 경우이다. 24
시간 시계만 보면 생쥐(그리고 사람)는 단지 큰 파리일 뿐이다.
24시간 시계의 분자적 기반에 대해 알려진 지식은 고등 생물에만
국한되지 않는다. 빵곰팡이의 24시간 주기에 대해서도 상당한 연
구가 이루어졌다. 빵곰팡이가 보이는 24시간 주기 성장의 핵심적
인 성분은 'frequency(frq)' 유전자이다. 이 유전자는 per, tim 유
전자와 비슷한 면이 많아서, frq 산물의 순환도 비슷하고 단백질
이 자신의 mRNA를 억제하는 것도 비슷하다. 24시간의 광합성
주기를 보이는 단세포 생물인 시아노박테리아에 대해서도 핵심
적인 시계 유전자 여러 가지가 확인되었다. 여기에서도 단백질에
의한 mRNA의 자가 억제는 발현 조절의 중요한 특징이다. 작은
생물에 대한 유전적 분석이 쉽기 때문에, 단세포 생물의 생체 시
계 연구는 이제 겨우 시작되었지만 매우 빠르게 발전할 것이다.

시계의 진화

이 책이 다윈 시리즈에 속해 있으므로, 이번에는 24시간 생체
리듬의 진화에 대해 알아보자. 명백히 파리와 생쥐에서 24시간
리듬을 일으키는 것은 같은 유전자이다. 따라서 장구한 진화 과
정에서도 시계 메커니즘은 그대로 보존되었음을 알 수 있고, 이
사실은 시계 메커니즘이 생명체에 얼마나 중요한지 보여준다. 파

리의 per⁰ 또는 tim⁰ 돌연변이들 중에서 리듬이 없는 개체들도 완벽하게 건강하다는 점도 흥미롭다. 그렇다고 이 파리들이 안락한 실험실 환경을 벗어나 자연 상태에서도 생존할 수 있음을 의미하지는 않는다. 그러나 이 사실은 시계의 어떤 특성이 번식 적합성에 중요한지에 대한 질문을 던진다. 예를 들어 주기가 24시간에 근접하면 매일 다시 맞출 필요가 없어지고, 그만큼 에너지 비용을 줄일 수 있다. 따라서 24시간 주기에 잘 맞는 시계는 생물의 적합성을 높일 수 있다. 생체 리듬 연구에서 오래 전에 나온 이 아이디어가 최근에 시아노박테리아에게 직접적으로 시험되었고, 초파리에게는 간접적으로 시험되었다.

시아노박테리아는 생체 리듬이 다른 여러 가지 돌연변이가 있다. 이들 중 둘은 주기가 각각 23시간과 30시간이다. 시아노박테리아의 번식은 아주 빨라서 한 달에 100세대가 넘게 진행된다. 이런 이유로 시아노박테리아는 생체 시계의 변화에 따른 장기간 적합성을 시험하는 데 이상적인 생물이다. 위의 두 돌연변이 박테리아의 개체 수를 같게 해서 22시간이 하루인 환경에서 배양했다(11시간은 어둠, 11시간은 밝음). 배양된 표본을 일정한 간격으로 채취하여 주기가 짧은 것과 긴 것의 개체 수를 비교해 보았다(그림 3.) 한 달이 지난 뒤에 23시간 돌연변이가 배지를 차지하여 95%가 되었다. 다시 말해 22시간이 하루인 환경에서는 주기가 짧은 놈들이 주기가 긴 놈들보다 번식 적합성이 더 컸던 것이다. 물론, 주기가 긴 돌연변이가 일반적으로 약해서 어떤 환경에서도

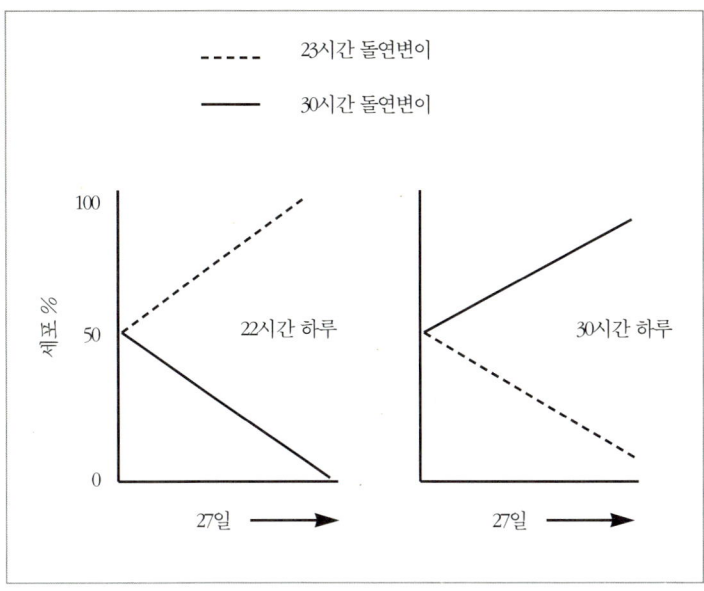

그림 3 ● 시아노박테리아 시계 돌연변이의 공명 실험 결과. 22시간이 하루인 환경에서 23시간 돌연변이(점선)는 한 달만에 30시간 돌연변이를 밀어냈다. 30시간이 하루일 때는 결과가 반대였다. 이 실험은 두 돌연변이가 거의 비슷한 수로 시작되었다.

주기가 짧은 돌연변이에게 뒤질 가능성도 있다.

　이런 가능성을 알아보기 위해 이번에는 밝음-어둠 주기를 30시간으로 해 보았다. 한 달 뒤에 두 돌연변이의 수는 반대로 되어 주기가 긴 돌연변이가 90%를 차지했다(그림 3). 따라서 두 돌연변이의 번식 적합성은 하루의 길이에 따라 극적으로 변한다. 여기에서 얻는 메시지는, 당신이 박테리아이고 당신의 생체 리듬이 환경과 잘 맞다면, 당신은 다윈적 의미의 적자(嫡子)이다.

야생 환경에서 생체 리듬이 24시간과 크게 다른 놈이 살아남기는 어려워 보인다. 그러나 순환 주기의 자연적인 변이는 적합성에 어떤 영향을 줄까? 멜라노가스터 종의 per 유전자 중간에는 약 20쌍의 트레오닌threonine(Thr)과 글리신(Gly) 아미노산을 부호화하는 DNA 서열이 있다. 야생에서는 두 가지 주요 형태의 per 유전자가 있어서, 하나는 Thr-Gly 17쌍을 가진 PER 단백질을 만들고, 다른 하나는 20쌍을 가진 PER 단백질을 만든다. 1200개가 넘는 아미노산으로 이루어진 단백질에서 $PER^{(Thr-Gly)}_{20}$과 $PER^{(Thr-Gly)}_{17}$을 구별하는 아미노산 여섯 개는 중요하지 않다고 볼 수도 있다. 하지만 그렇지 않다. per 유전자에 나타나는 이 자연적인 변이는 유럽에서 특이한 지역적인 패턴을 보여준다. 남쪽의 지중해 지역에서는 $PER^{(Thr-Gly)}_{17}$ 변이가 아주 많고, 북쪽인 영국과 덴마크 등에서는 $PER^{(Thr-Gly)}_{20}$ 변이가 주도한다. 이러한 위도상의 패턴을 '연속변이(cline)'라고 부르며, 자연선택에 따라 서로 다른 환경에서 서로 다른 변이가 유리해지는 것으로 보인다. 그러나 이것은 단지 역사적인 우연일 수도 있다. 예를 들어 마지막 빙하기 이후에 아프리카에서 초파리들이 유럽으로 이주할 때 $PER^{(Thr-Gly)}_{20}$이 더 북쪽에서 출발했기 때문에 유럽 북쪽으로 더 멀리 퍼졌을 수도 있다. 그러나 per 변이의 지역 분포에 대한 어떤 복잡한 수학적 분석에서는 자연선택에 의해 두 종류의 per 유전자가 유지되는 것으로 나타났다. 이것이 사실이라면, 이런 선택이 일어나는 이유는 무엇일까?

첫번째 가능성은 기온이다. 남부 유럽보다 북유럽에서 연교차가 훨씬 크기 때문이다. 일반적으로 남부에서는 여름에 더 덥고 겨울은 덜 추운데, 특히 해변에서 이런 현상이 두드러진다. 두 가지 per 변이에 대해 온도가 높을 때와 낮을 때 빛을 차단하고 하루 주기를 알아보았다. 온도가 높을 때 $PER^{(Thr-Gly)}_{17}$ 변이는 24시간에 아주 가까운 주기를 보였지만, 온도가 낮아지자 주기가 아주 짧아졌다. $PER^{(Thr-Gly)}_{20}$ 변이는 더울 때 24시간보다 조금 짧은 주기를 보였고, 온도가 낮아져도 전혀 바뀌지 않았다. 따라서 $PER^{(Thr-Gly)}_{20}$를 부호화하는 per 유전자는 온도 보상 능력이 더 뛰어나다. 유럽에 나타나는 연속 변이에서, 더울 때 $PER^{(Thr-Gly)}_{17}$ 변이는 24시간 주기에 더 잘 맞으므로 남부에서 적응력이 더 높아질 것이다. 그러나 북쪽의 추운 환경에서는 $PER^{(Thr-Gly)}_{20}$이 24시간 주기에 더 가까워서 적응력이 커진다. 따라서 유럽에서 지역마다 다른 두 종류의 per 유전자 변이의 빈도는 환경에 의해 결정된다. 이것이 옳다면, 남반구에서 상황이 반대로 되어서 더 추운 남쪽에 $PER^{(Thr-Gly)}_{20}$이 더 많을 것이다. 오스트레일리아에서 이 추측이 확인되었다. 그레이트 배리어 리프(Great Barrier Reef)보다 멜버른에 $PER^{(Thr-Gly)}_{20}$이 더 많아서, 지방마다 시계 유전자 변이의 빈도가 다른 것은 환경의 차이 때문임이 밝혀졌다.

온혈 동물에 대해서는 온도가 비슷한 역할을 할 것으로 보이지 않는다. 또 위의 이론으로는 왜 24시간에서 크게 벗어난 리듬을 가진 생명체도 존재하는지 설명하지 못한다. 예를 들어 빵곰팡이 중에는 21~22시간의 성장 주기를 보이는 것이 있지만, 왜 그런지는 아직 모른다. 하지만 야생에 존재하는 시계는 자연선택의 영향을 받았을 것이며, 그 영향은 종마다 달랐을 것이다.

미래의 시계 연구

분자 수준의 연구에는 저항하기 힘든 매력이 있고, 다양한 생명체에서 시계 성분을 밝혀내는 작업은 점점 더 빨라질 것이다. 24시간 주기를 맞추는 시계 제어 유전자들도 확인될 것이다. anti-PER 항체 등을 이용해서 생명체 속에서 시계 성분을 눈으로 볼 수 있게 될 것이며, 여기에서 시차 부적응의 생리학적인 효과에 대한 새로운 통찰이 나올 것이다. 예를 들어 시차에 적응하지 못한 초파리는 다리와 머리의 PER 순환이 달라서 그렇다고 밝혀질 수도 있다. 어쩌면 주변 조직의 PER 순환이 뇌의 PER 순환과 같아지면서 시차가 적응되는 것인지도 모른다. 이제는 이런 아이디어들을 쉽게 시험할 수 있다. 제약회사들은 사람의 시차 부적응을 줄이는 약을 개발하는 데 관심이 있으며, 시계 단백질이 명백한 표적이다. 사람의 PER 순환을 쉽게 조절할 수 있다면 교대 근무 때의 피로감도 쉽게 없앨 수 있을 것이다. 10년 뒤에는 생체 리듬이 깨진 사람들에게 직접 도움을 주는 기초 연구가 나올 것이다.

· Costa, R. and Kyriacou, C. P., 'Functional and evolutionary implications of natural variation in clock genes, *Current Opinion in neurobiology*, 8 (1998), 659-664. Konopka, R. J. and Benzer S., 'Clock mutants of Drosophila melanogaster', *Proceedings the National Academy of Sciences of the United States of America*, 68 (1971), 2112-2116.

· Dunlap, J. C., 'Molecular bases for ckcadian docks', *Cell*, 96 (1999), 271-290

· Lakin-Thomas, P. L., 'Circadian rhythms: new functions for old clock genes', *Trends in Genetics*, 16 (2000), 135-142.

· Moore-Ede, M., Sulzman, F. and Fuller, C., *The Clocks that Time us*, Cambridge, MA: Harvard University Press, 1982.

· Ouyang, T., Andersson, C. R., Kondo, T., Golden, S. S. and Johnson, C.H., 'Resonating circadian clocks enhance fitness in Cyanobacteria', *Proceedings of National Academy of Sciences of the United States of America*, 95 (1998), 8660-8664.

· Saunders, D. S., *Insect Clocks*, 2nd edition, Oxford: Pergamon Press, 1982

· Scully, A. L. and Kay, S. A. 'Time flies for Drosophila', *Cell*, 100 (2000), 297-300.

· Wever, R., *The Circadian System of Man: Experiments under Temporal Isolation*, Berlin: Springer-Vedag, 1979.

· Winfree, A. T., *Thee Timing of Biological Clock*, New York: Scientific American Books, Inc., 1987.

· Young, M. W., 'The tick-tock of the biological clock', *Scientific American*, March (2000), 46-53

더
읽을
거리

앨런 윙

TIME

운동 기능에서 예측과 타이밍

웨이터가 찰랑찰랑 넘치도록 따른 잔 여러 개를 쟁반에 받쳐 들고 와서 식탁에 하나씩 내려놓으면서 조금도 흘리지 않는 것은 참으로 놀라운 재주이다. 이렇게 하면서도 식탁에 내려놓는 잔이나 쟁반에 남아있는 잔 어디에서도 물이 단 한 방울도 쏟아지지 않는다. 웨이터는 한 손으로 잔을 내려놓기 때문에 남은 한 손으로 쟁반의 균형을 잡아야 한다. 처음에는 쟁반에 일정한 하중이 가해져 있지만, 잔을 하나씩 내려놓을 때마다 균형이 흔들릴 수 밖에 없다. 쟁반이 기울어져서 액체를 쏟지 않으려면 조금씩 보정을 해야 한다. 그런데 여기에는 문제가 있다. 쟁반을 든 손의 느낌에 따라 손의 힘을 조절한다면 인지하는 데 걸리는 시간과 운동을 일으키기까지의 시간 때문에 0.2초쯤 지연이 일어나며, 또한 웨이터가 이 일에 주의를 기울여야 한다. 하지만 웨이터는 어떤 손님 앞에 어떤 잔을 놓아야 할지에 온 신경을 곤두세우고 있고, 잔을 들어내면서 생기는 균형의 교란에 신경쓸 겨를이 없다. 이 문제에 대한 해결책은 예측에 있다. 잔을 들어낼 때 생기는 효과를 예측할 수 있다면 떠받히는 손에 주는 힘을 실시간으로 보정할 수 있다.

예측에 의해 팔의 위치를 맞추는 실험이 눈을 가린 피험자들을 대상으로 실시되었다. 피험자들은 눈을 가리고 한 손으로 추를 지지한다. 그런 다음에 피험자 자신이나 실험자가 추를 들어

올리고, 추를 지지하던 손의 위치를 기록한다. 피험자 자신이 다른쪽 손으로 추를 들어올릴 때는 손에 흔들림이 거의 없다. 하지만 다른 사람이 추를 들어올렸을 때는 손이 크게 흔들렸고, 보정 행동은 거의 수백 밀리초 뒤에나 시작되었다. 스스로 추를 들어올릴 때 피험자는 분명히 추를 들어올림과 동시에 보정을 수행했다.

예측 행동에는 정확한 타이밍이 필요하다. 피험자가 스스로 추를 들어올릴 때는 제거되는 무게를 판단할 수 있어서 팔에 힘을 얼마나 뺄지 짐작할 수 있다. 그러나 지지하는 팔을 움직이지 않기 위해서는, 추가 제거되는 때와 팔에 힘을 빼는 시간을 정확하게 맞추어야 하며, 여기에는 행동하는 시간의 예측이 필요하다. 물론 뇌에서 추를 제거하는 팔과 추를 지지하는 팔로 동시에 운동 지령이 전달되어 운동까지의 지연 시간이 동일하다면, 능동적 타이밍이 필요 없이 동시 행동이 직접적으로 이루어진다. 그러나 그림 1의 연구가 보여주는 것처럼 사람들은 분명히 이런 동시성이 없어도 타이밍을 잘 맞춘다.

이 실험에서 피험자들은 엄지손가락과 집게손가락을 써서 기구의 윗부분을 잡고, 기구의 아랫부분에 공이 떨어져서 충격을 받게 된다. 기구에 가해지는 엄지와 집게손가락의 힘을 연속적으로 측정했다. 피험자가 눈을 가리고 충격이 언제 오는지 알 수 없을 때는, 공이 떨어져서 수직 하중이 갑자기 증가한지 90밀리초 만에 손에 힘을 주기 시작했다. 그러나 피험자가 공이 떨어지는 것을 볼 수 있으면, 충격이 오기 전부터 손에 힘을 준다.

이러한 예측에 의한 조절은 기구의 미끄러짐을 방지한다. 시각의 도움을 받아 이전의 경험으로 충격의 크기와 시간을 짐작하여 손에 적절하게 힘을 주는 것이다. 그러나 피험자가 눈을 가리고 다른 손으로 공을 떨어뜨리면 예측만으로 손에 힘을 주는 것이 관찰된다. 떨어지는 높이가 일정하게 변하면 손에 주는 힘과 타이밍이 경험에 따라 변한다. 따라서 이 연구는 예측 행동에서 타이밍의 핵심적인 역할을 보여준다.

명시적인 타이밍의 가변성

이 장에서는 타이밍의 제어에 대해 우리가 아는 것에 대해 살펴보겠다. 이것은 나의 실험실과 다른 연구자들의 실험실에서 나온 결과이며, 신경계가 수 초쯤의 간격에서 운동의 타이밍을 어떻게 조직하는지에 대한 질문에 대한 탐구이다. 이런 정도의 시간 간격은 음악을 연주하는 따위의 복잡한 일에 중요하며, 일상적인 활동에도 중요하다. 100년 전에 하버드 대학에서 연구한 심리학자 L.T. 스티븐스의 실험부터 알아보자. 사람이 운동할 때의 타이밍에 대한 연구로 보고된 것 중 가장 오래된 이 연구는 메트로놈을 이용하여 간격을 바꿔 가면서 박자를 맞추는 과정을 탐구한 것으로, 음악 연주와 관련된다.

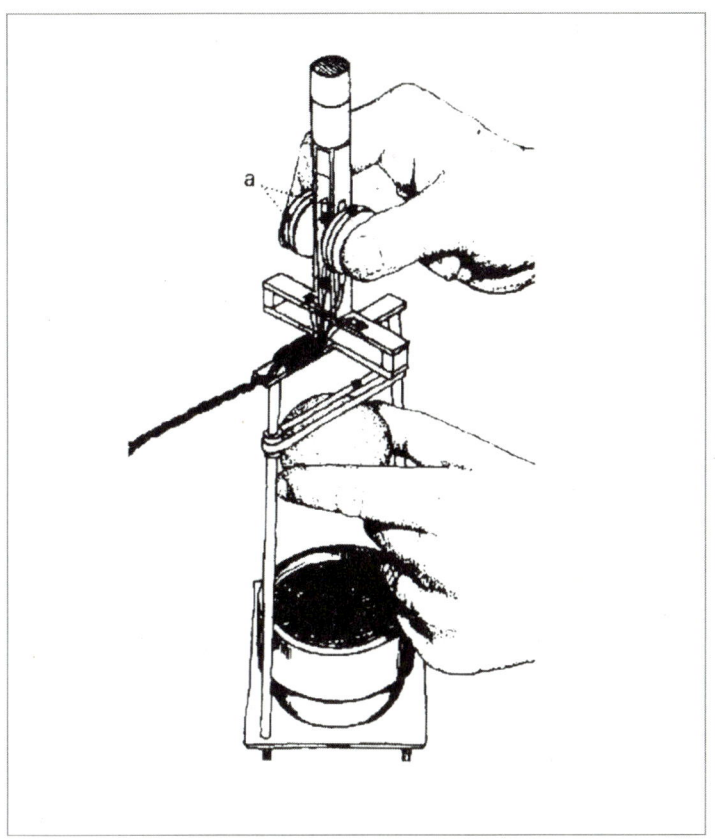

그림 1 ● 예측 행동. 공 낙하 실험에서, 한 사람이 엄지와 검지로 기구를 잡는다 (그림에서 점 a). 기구에 공을 떨어뜨리고, 엄지와 검지가 가하는 힘의 변화를 측정 한다. 공이 떨어지는 것을 예측할 수 없을 때는, 공이 떨어진 뒤에 힘이 증가한다. 그러나 기구를 잡은 사람이 공이 떨어지는 것을 볼 수 있거나, 눈을 가리고 다른 손 으로 직접 공을 떨어뜨리면, 공의 충격이 있기 전에 힘이 증가한다.

이 실험에서 스티븐스는 피험자에게 메트로놈에 맞춰 전신기 키를 두드리게 했다. 이 메트로놈은 1분에 60에서 90회로 맞출 수 있다(그림 2a). 피험자가 리듬을 잘 맞추면 메트로놈을 멈추고 그 다음부터는 자신의 맥박에 따라 키를 치도록 했다. 스티븐스는 피험자가 자기 맥박을 가지고 간격을 얼마나 정확히 유지하는지에 관심을 가졌다. 그는 이 간격을 밀리초 단위로 측정해서 그래프로 그렸다(그림 2b).

이 그래프에는 두 가지 특징이 나타난다. 첫째, 메트로놈으로 미리 정해진 간격이 길 때 맥박으로 맞춘 시간 간격이 더 많이 변한다. 둘째, 이러한 가변성에는 장기적인 성분과 단기적인 성분이 있다. 스티븐스는 평균 주위를 맴도는 단기간 변이가 운동 명령이 수행되는 정확도의 한계 탓이라고 보았다. "손(또는 간격을 맞추려는 의지)은 정확하게 옳을 수 없다." 표적 부근의 장기간 표류는 "마음에서 나오는 표준 박자의 변이" 때문이라고 보았다. 여기에서 스티븐스는 간격 변이의 원인에 대해 저수준의 운동 조절과 고수준의 타이밍의 심리적인 측면을 구별하고 있는 것으로 보인다.

여러 해 전에 나는 캐나다 맥매스터 대학교의 A. B. 크리스토퍼슨과 함께 타이밍의 정량적인 모델을 제안했다. 여기에서 우리는 스티븐스의 제안과 비슷한 구분을 채택하여 2단계 모형을 구성했다. 조절 가능한 중앙 시간 유지기에 의한 변이가 한 단계이고, 운동 명령을 수행하면서 생기는 변이가 다른 단계이다(그림 3a). 우리는 시간 유지기가 메트로놈으로 설정된 표적간격에 맞추려는 피험자에 의해 직접 제어된다고 가정했다. 반면에 운동

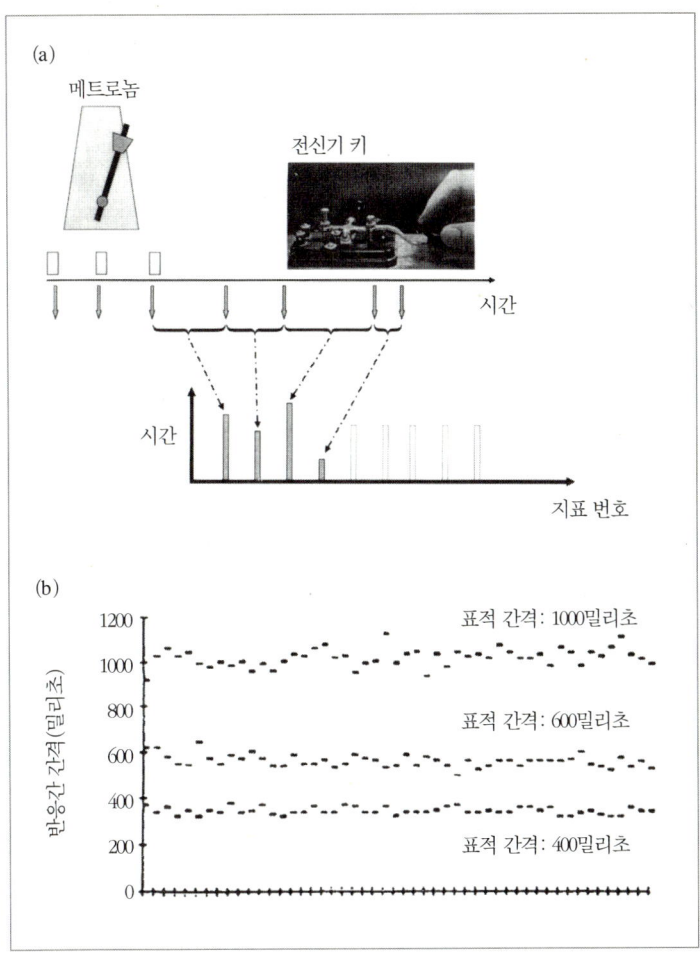

그림 2● (a) 스티븐스(1886)의 시간 맞추기 실험. 한 사람이 메트로놈에 맞춰 전신기 키를 두드린다. 나중에 메트로놈을 끄고, 피험자는 계속해서 메트로놈의 빠르기에 맞춰서 두드린다. 키를 두드리는 간격을 측정하고 기록해서, 그 변이를 보여준다. (b) 표적 간격을 바꿔 가면서 이 실험을 되풀이하고, 결과를 그래프로 나타냈다. 표적 간격 T가 길면 길수록, 메트로놈을 껐을 때 간격의 변이가 더 컸다.

구현에는 신경근육의 지연이 따르고, 이것은 직접 제어되지 않는다고 가정했다. 하지만 운동을 구현할 때 생기는 지연은 운동 방식에 따라 달라질 것이다. 예를 들어 팔 전체를 움직여서 손가락을 두드릴 때는 팔을 가만히 두고 손가락만을 움직여서 두드릴 때에 비해 시간이 더 걸리고, 변이도 더 커질 것이다. 제어의 관점에서 보면 윙-크리스토퍼슨(WK) 모형은 아주 단순해서, 오류를 보정하는 피드백이 없다. 이런 이유로 이 모형은 메트로놈에 맞춰서 키를 두드리는 경우를 설명하기에는 부정확하다. 이 점은 나중에 또 설명할 것이다. 하지만 이 모형은 스티븐스가 알아낸 단기간 변이를 고려한다는 점에서 중요하다. 이 모형에 따르면 생성하는 간격이 앞의 간격에 비해 평균값의 반대편으로 가는 경향이 있다. 이 성질은 다음과 같이 설명된다. 생산 라인에서 일하는 작업자를 생각하자. 이 작업자는 컨베이어 벨트에서 일정하게 오는 제품을 검사한다. 작업자는 제품을 하나씩 집어들고 검사한 다음 딱지를 붙이고, 다시 컨베이어 벨트에 내려놓는다. 검사 시간(실행 지연과 비슷하다)이 비교적 짧으면, 들어오는 제품의 간격(시간 유지기의 간격과 비슷하다)에 의해 나가는 제품의 간격(반응간 간격에 대응한다)이 결정된다. 이제 작업자가 제품을 검사하는 시간이 많이 걸린다고(실행 지연의 길어지면) 가정하자. 물론 다음에 들어오는 제품을 놓칠 정도로 오래 걸리지는 않는다. 검사가 길어지면 나가는 제품들의 간격이 일정하지 않게 된다. 느려진 제품의 간격은 길어지지만, 다음 제품의 검사가 평소

대로의 시간 안에 이루어진다면 다음 간격은 보통보다 짧아진다. 반대로 한 제품을 평소보다 빠르게 검사했다면, 나가는 결과는 짧아졌다 길어지는 형태가 된다. 따라서 검사 시간에 무작위 변이(실행 지연)가 있으면 나가는 제품의 평균 간격은 예측 가능한 변이 패턴을 띠게 된다. 검사 시간의 변이는 무작위이지만, 과정의 구조에 의해 출력 간격에는 어느 정도 예측가능성이 생긴다. 이러한 예측가능성은 인접 간격들 사이의 상관관계에서 나온다. 짧은 간격 다음에 긴 간격이 오거나 그 반대가 되는 것은 음의 상관관계를 낳는다. 반면에 양의 상관관계라면 짧은 간격 다음에 또 짧은 간격이 오는(또는 긴 간격 다음에 또 긴 간격) 일이 상관관계가 전혀 없는 무작위 배열보다 더 자주 일어난다.

스티븐스와 비슷한 설정을 채택한 많은 실험에서 메트로놈을 껐을 때의 인접 간격들 사이에 음의 상관관계가 나타났다. 앞의 간격이 표적 간격보다 길면 다음 간격은 완전히 무작위일 때의 평균 간격보다 짧아지는 경향이 있다. 이것은 그림 3a에 나오는 WK 모형의 예측과 정확히 일치한다. 사실 이 모형에서 인접 간격들 사이의 상관관계는 0(간격의 길이가 무작위나 마찬가지로 상관관계가 없음)과 -1/2(긴 것과 짧은 것 사이에 강한 상관관계가 있음) 사이에 있다는 것을 보여줄 수 있다. 2단계 모형에서 나오는 음의 상관관계의 실제 크기는 시간 유지기 간격의 가변성과 운동 지연의 가변성의 대소에 따라 달라진다. 운동 지연의 가변성이 시간 유지기 가변성에 비해서 크면 클수록, 상관관계는 낮은 쪽

극한인 -1/2에 가까워진다.

타이머와 운동 지연의 분리

2단계 WK 모형은 반응간 간격에 대한 예측을 내놓으며, 시간 유지기와 운동 지연 사이의 관계도 예측한다. 이러한 관계를 사용하여, 관찰된 반응간 간격을 바탕으로 시간 유지기 변이와 운동 지연의 변이를 추정할 수 있다. 이러한 추정을 얻기 위해 한 가지 실험을 했다. 이 실험에서 피험자는 표적 간격을 290에서 540밀리초로 하면서 반응을 시도한다. 여기에서 나타난 것은, 표적 간격이 길면 길수록 시간 유지기 변이가 더 컸고, 운동 지연의 변이는 비교적 일정했다(그림 3b). 따라서 표적 간격이 길면 변이

그림 3 ● (오른쪽) (a) 윙-크리스토퍼슨 모형(1973). 이 타이밍 모형에 따르면 키를 두드리는 간격은 두 단계로 조절된다. 첫째, 중앙 시간 유지기가 메트로놈에 설정된 표적 간격에 맞도록 간격을 만든다. 둘째, 명령이 전달되어 운동계가 운동을 실현한다. 따라서 시간 유지기가 펄스를 만들고, 이것이 운동계에 의해 일정한 지연이 일어나면서 실행된다. 두들기는 간격(I(j)로 표기된다)은 세 가지에 의해 결정된다. 첫째 두 시간 유지기 펄스 사이의 간격 길이(C(j)로 표기), 둘째, 첫 번째 시간 유지기 펄스 이후에 일어나는 운동 지연의 길이(D(j-1)로 표기), 셋째, 두 번째 시간 유지기 펄스 이후에 일어나는 운동 지연의 길이(D(j)로 표기). (b) 관찰된 반응간 간격의 변이는 시간 유지기에 의해 설정된 간격 T의 변이에 따르며, 이 변이는 평균 간격에 따라 증가하고, 운동 명령의 실행 변이에 따른다. 이 변이는 간격이 계속되어도 비교적 일정하게 유지된다.

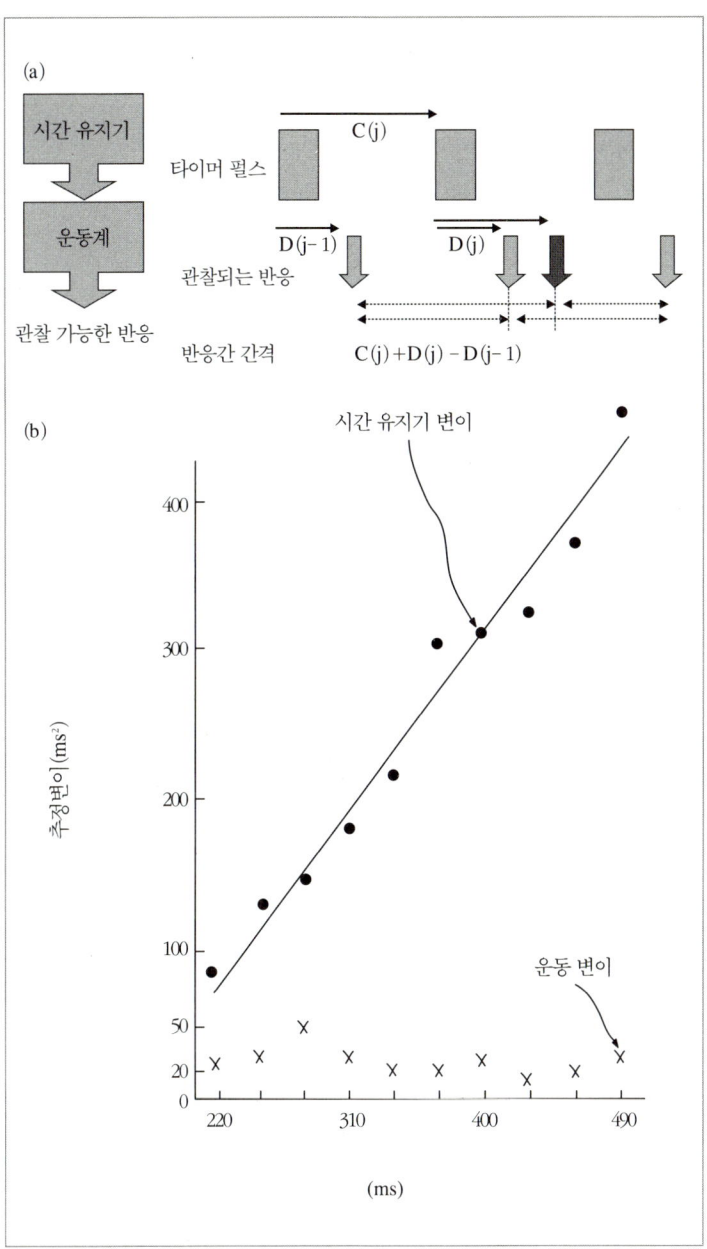

(a)

시간 유지기

운동계

관찰 가능한 반응

타이머 펄스

$C(j)$

$D(j-1)$

$D(j)$

관찰되는 반응

반응간 간격

$C(j)+D(j)-D(j-1)$

(b)

시간 유지기 변이

주정변이 (ms^2)

운동 변이

(ms)

는 시간 유지기를 반영하며, 표적 간격이 짧으면 운동 실행 지연이 상대적으로 더 중요해진다(인접 간격 사이의 음의 상관관계는 표적간격이 짧을수록 커진다).

이런 상황에서는 운동 명령 실행 과정과 시간 유지기의 효과가 분리될 가능성이 있다. 예를 들어 표적 간격이 짧아지면 실행 지연 변이가 시간 유지기 변이보다 더 중요해진다. 물론 두 활동 사이의 간격을 점점 짧게 하면 결국 두 활동이 동시에 일어나게 된다. 이 상황에서 두 운동에 대한 명령이 동시에 실행된다면 시간 유지기는 불필요해진다(앞에서 본 추를 들어 올리는 실험이 이런 경우이다). 이렇게 되면 활동의 발생 시간 변이는 전적으로 운동 실행 과정 변이의 탓이며, 관찰된 어떤 변이도 시간 유지기에 영향을 주는 요인과 무관해야 한다.

시간 유지와 운동 실행의 분리는 다음과 같은 실험으로 설명된다. 피험자는 청각 신호가 들리면 왼쪽 집게손가락으로 단추를 누르고, 그 다음에 오른쪽 집게손가락으로 단추를 누른다. 이 실험에서 피험자에게 주어진 목표는 미리 제시된 표적과 같도록 간격을 맞추는 것이다. 표적 간격을 0에서 1000밀리초까지 바꾸면서 같은 실험을 여러 번 수행했다. 또 속력 조건과 정확성 조건이라는 두 가지 대조되는 조건으로 실험했다. 속력 조건일 때는 청각 신호에 최대한 빨리 반응하는 것이 우선이다. 정확성 조건일 때는 간격을 최대한 정확히 맞추는 것이 먼저이다. 속력 조건일 때 반응 시간(청각 신호가 난 뒤에 왼쪽 집게손가락으로 단추를 누르는 데 걸리는 시간)은 정확성 조건일 때보다 짧았고, 왼손과 오른손 사이의 간격은 변이가 더 컸다. 두 조건 모두에서 표적 간격이 길면 길수록 반응간 간격의 변이가 더 컸지만, 정확성 조건에서는 변이의 증가가 느려졌다. 그러나 표적 간격이 0일 때는 왼쪽과 오른쪽 집게손가락을 동시에 누르게 되고, 이때는 두 조건 모두에서 반응간 간격의 변이가 동일했다. 따라서 표적 간격이 0일 때의 변이는 전적으로 운동 지연의 변이 때문이고, 이 변이는 둘 중 어느 조건에서도 마찬가지라고 추론할 수 있다. 반면에 두 가지 다른 조건에서 표적 간격이 증가할 때 변이가 다르게 늘어나는 것은 두 조건에서 시간 유지기의 동작이 다르기 때문이라고 할 수 있다.

시간 유지기의 설정

표적 간격이 길어지면 시간 유지기의 변이가 증가한다는 것을 앞에서 보았다. 그림 3b에서는 이 증가가 표적 간격에 정비례하는 것처럼 보이지만, 많은 연구에 따르면 변이는 이것보다 더 빨리 증가해서, 사실은 평균값의 제곱에 비례한다. 시간 유지기는 어떻게 작동할까? 한 가지 가능한 방식이 그림 4a에 나와 있다. 이 방식은 뉴런에서 아주 빠르게 일어나는 사건의 횟수를 세어서 기억 속에 들어있는 표적의 횟수와 비교해서 만들어진다고 가정한다. 뉴런의 "틱"이 충분히 촘촘하면, 표적 간격이 짧을 때는 횟수가 작은 범위에서 타이밍이 이루어지고, 표적 간격이 길 때는 더 큰 횟수에서 타이밍이 이루어진다. 이것은 생물학적인 타이밍이므로, 뉴런의 틱 간격이 잘 변한다고 보는 것이 합당하다. 진정으로, 뉴런에서 일어나는 사건의 빠르기는 신체의 대사 속도에 따라 달라진다는 추측이 있다. 어떤 실험에서는 내부 시계를 느리게 또는 빠르게 하여 타이밍에 영향을 주려는 시도를 했는데, 그 방법은 몸을 덥게 하거나 춥게 하는 것이다! 그러나 평균 틱 속도가 일정하다고 해도 순간순간의 변이는 있을 것이다. 틱 사이의 간격이 가변적이면, 주어진 횟수만큼의 틱을 기다려서 얻는 시간은 평균에 비례해서 증가할 것이다(그림 4b).

타이밍의 변이에 기여하는 요인은 뉴런 사건의 변이 말고도 또 있을 것이다. 표적 카운트 값 설정이나 뉴런 사건 횟수 추적 따위의 제어 조작에서도 변이가 일어날 수 있다. 이러한 제어 조작들은 설정된 기억이나 올바른 표적의 유지, 현재 카운트와 표적 카운트의 비교 등의 인지적 요인에 따라 달라질 수 있다. 분명히 시간 유지의 정확성은 얼마나 집중하는지에 따라 달라진다. 이것은 두 가지 일을 한꺼번에 하는 실험으로 알 수 있다. 피험자에게 다른 일을 하면서 400밀리초 간격으로 일정하게 손가락을 두드리게 한다. 철자를 뒤섞은 단어를 바로잡는 일을 하면서 손가락을 두들기는 실험에서 타이밍의 변이가 더 커지는 것이 확인되었다(그림 4c). 변이의 증가는 시간 유지기 변이에 따른 것이

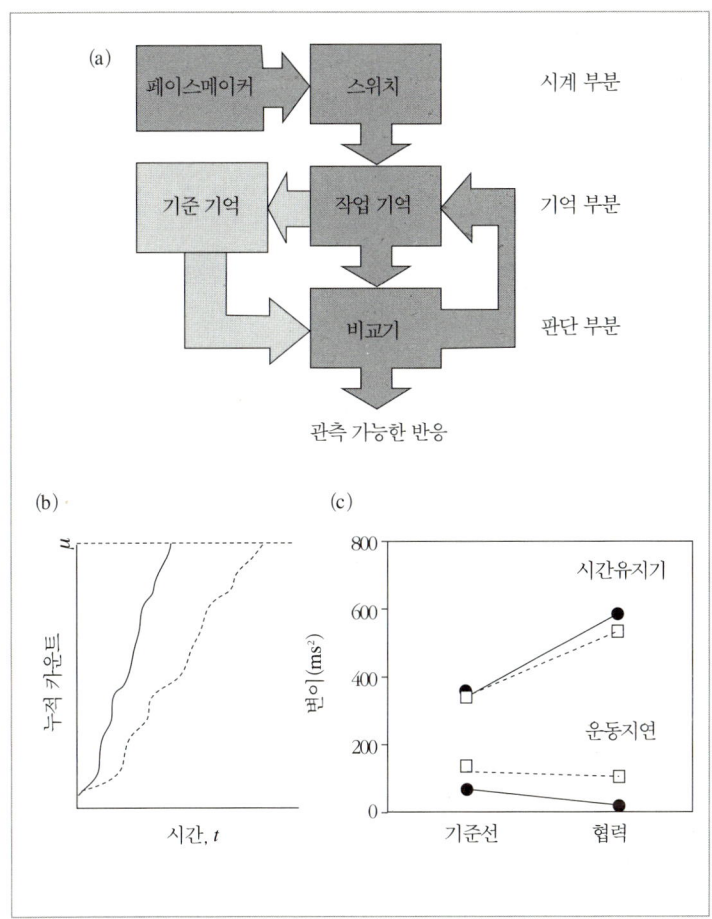

그림 4 ● (a) 타이밍의 인지적 과정. 타이밍의 페이스메이커 카운터 모형으로, 펄스의 카운트가 어떤 저장된 기준값에 도달하면 한 간격이 완결되었다는 신호가 보내진다. (b) 실선과 점선은 주어진 카운트(μ)에 도달하는 시간이 시도할 때마다 어떻게 달라지는지 보여준다. (c) 400밀리초 간격으로 두드리면서 주의를 산만하게(철자가 뒤섞인 단어를 풀면서) 하면 시간 유지기 변이가 증가하지만 운동 지연 변이는 증가하지 않는다. 속이 빈 기호(점선)는 왼손이고, 짙은 기호(실선)는 오른손이다.

며, 운동 실행의 변이는 영향을 받지 않았다. 이것은 2단계 모형의 설명과 일치한다.

이제까지 나는 실험적 제어를 실현하는 가장 흔한 방법을 세밀히 고려하지 않은 채 타이밍에 대해 말했다. 흔한 방법이란 일정하게 계속되는 자극을 이용해서 간격을 맞추는 것이다. 모든 활동에서 기본이 되는 이 방법에서 무엇이 나오는가? 여기에는 풀어야 할 명백한 문제 두 가지가 있다. 일정하게 계속되는 자극으로 주어진 표적 간격을 맞추는 것이 하나이고, 다른 하나는 그 자극으로 박자를 유지하는 것이다. 시간 유지기의 카운터 모델에서 간격을 맞추는 일을 달성하려면 주의 깊게 세어서 적절한 사건 횟수를 결정하고, 카운터에 이만큼의 사건 횟수가 누적될 때 반응을 일으킨다. 그러나 올바른 박자를 유지하려면 어떻게 해야 하는가? 주어진 운동 실행 지연에 대해, 뇌는 일정하게 계속되는 외부 자극의 횟수가 다 채워지는 시간을 예상해서 먼저 운동 명령을 내려야 한다. 그런데 어떻게 앞당기는 시간을 예상할 것인가? 일반적으로 이것은 운동의 방식에 따라 달라지고, 제어 대상인 외부 시스템의 얼개에 따라서도 달라진다. 박자를 맞추는 한 가지 가능한 모형에서는 반응들 사이에 어긋나는 시간과 박자 자극을 함께 사용하여 시간 유지기를 맞추며, 따라서 다음 반응 때의 박자도 사용된다. 이 단순한 모형은 실험 데이터를 잘 설명한다. 그러나 이 모형에 나타나는 몇 가지 한계도 살펴보는 것이 좋다. 첫째, 보정을 크게 해서 동기성을 잘 유지하면 반응간 간격

변이가 커지는 희생이 따른다. 둘째, 이미 행동이 시작되어서 진행 중일 때 보정이 이루어기 때문에 보정을 제대로 할 시간 여유가 없다. 이런 이유로, 반응 속도가 빠를 때는 두 반응 사이의 동기화 오류를 감지해서 반영하는 두 번째 항을 추가하면 더 좋은 모형이 된다.

리듬

타이밍의 2단계 모형은 리듬을 심리적으로도 설명한다. 서양 음악은 대개 계층 구조의 리드미컬한 멜로디로 이루어진다. 멜로디는 마디로 나눠지고, 마디는 박자로 나눠지고, 박자는 다시 더 잘게 세분된다(그림 5a). 이것을 보면, 계층에 따라 각각 다른 타이머에 의해 리듬이 유지되지 않을까 하는 생각이 든다. 각각의 계층에서 시간 유지기의 변이가 다른 계층의 시간 유지기 변이와 무관하다고 가정하면 이 모형은 음의 상관관계를 예측하는데, 인접한 반응간 간격뿐만 아니라 인접하지 않은 몇몇 간격들도 음의 상관관계를 가지게 된다. 간격의 변이는 그 간격이 어떤 계층에 속하는지에도 영향을 받을 것이다. 이 예측들은 왼손과 오른손으로 동시에 반응하는 실험에 의해 확인되었다. 이 실험들은 운동 지연을 무시할 수 있도록 설계되어서, 왼손과 오른손의 반응간 간격의 상관관계로 다수준 시간 유지기가 얼마나 우수한지 알아

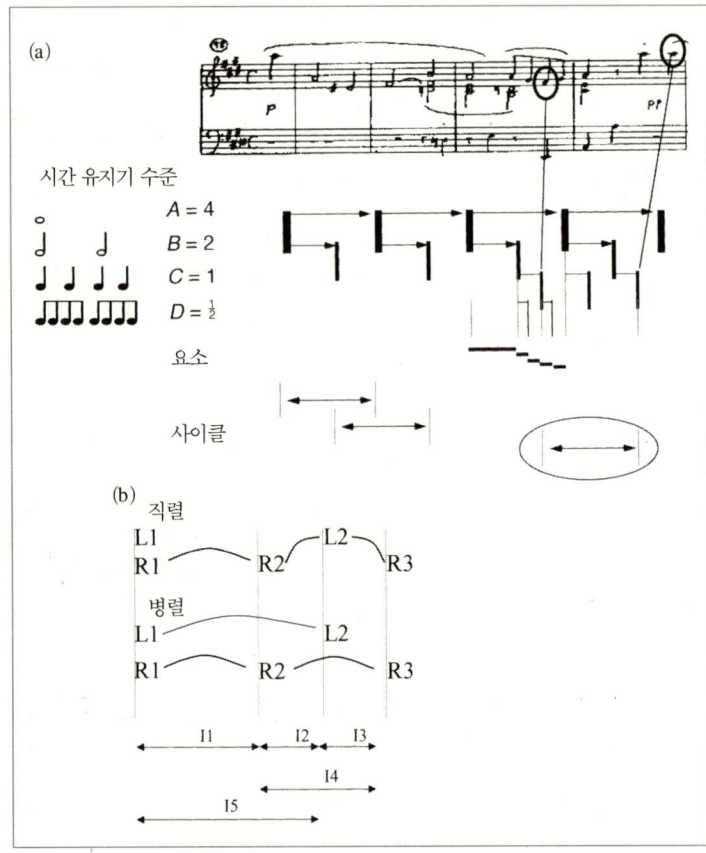

그림 5 ● 서양 음악의 리듬 계층. 마디의 지속(이 예에서는 네 박자이다)은 가장 높은 계층이다(수준 A). 한 수준 낮은 곳은 한 마디의 절반에 해당하는 간격이 된다(이 예에서 수준 B로 표시되고, 두 박자이다). 다음 수준으로 내려가면 한 마디의 1/4 길이와 같은 간격이 되며(이 예에서 수준 C이고, 한 박자와 같다), 이렇게 계속된다. 윙-크리스토퍼슨 모형을 확장한 보버그와 햄버치(1984)에 따르면, 리듬의 생성에는 계층마다 병렬적으로 작동하는 분리된 타이머가 있다. (b) 두 손으로 만들어내는 단순 반복 간격들로 흥미로운 리듬이 생성될 수 있다. 여기에서 간격은 정수가 아닌 비율을 가진다. 이 예에서 왼손은 세 박자 간격(I5로 표시)을 만들고, 오른손은 두 박자 간격(I2로 표시)을 만든다. 단일 시간 유지기가 두 손을 구동한다면, 시간 유지기의 표적 간격을 계속해서 재설정해야 한다. 반면에 두 개의 시간 유지기가 병렬로 작동하면 각각 일정한 설정을 유지할 수 있다.

볼 수 있다. 그러나 이 실험에서는 기본적인 계층적 타이머 모형으로 설명할 수 없는 발견도 나왔다. 특히 시간 유지기 간격들에서 양의 상관관계가 발견되었다.

이러한 양의 상관관계에 대한 한 가지 가능한 설명은 여러 계층의 타이머들 사이에서 리듬의 비율이 전파되어서 그렇다는 것이다. 음악이 빨라지거나 느려져도 리듬의 근본적인 구조는 영향을 받지 않는다. 따라서 리듬은 간격들 사이의 비율(예를 들어 1:2)에 의해 정해지고, 요소들의 절대적인 지속 시간(예를 들어 0.15초와 0.30초)과는 무관할 것이다. 그러나 계층의 각 수준에서 시간 유지기가 동작할 때는 결국 지속 시간이 정해져야 한다. 따라서 이 모형에서는 리듬이 생성되기 전에 어떤 준비 과정에서 계층들에 비율 변수가 전달된다고 가정한다. 각각의 수준들은 상위 수준의 간격에 적절한 분수를 곱하여 간격을 지정함으로써 상하위 수준들 사이에 바람직한 비율을 이루게 된다. 이러한 곱셈 과정에서 전반적인 양의 상관관계가 생겨나며, 그러면서도 여전히 같은 수준에서만 일어나는 음의 상관관계에도 영향을 받는다.

2단계 모형을 확장하여 리듬을 계층적으로 생성할 때는 타이머 여러 개가 병렬로 동작한다. 이렇게 하지 않고 하나의 타이머로 간격을 직렬로 생성한다면, 이 타이머는 리듬을 만들 때 계속해서 설정을 바꿔야 한다. 두 손으로 각각 다른 단순 반복 간격을 만들면 흥미롭고 까다로운 리듬이 생성된다. 이때 두 손의 리듬 비율이 정수가 아니면(예를 들어 한 손으로는 두 박자, 다른 손으로 세 박자를 치는 경우) 전체적으로 아주 복잡한 간격 패턴이 나온다. 이러한 리듬이 만들어지는 것에 대한 한 가지 설명은, 두 가지 분리된 타이밍 체계가 동작한다는 것이다. 이렇게 되면 두 손은 효과적으로 병렬로 동작할 수 있다. 이 설정의 한 가지 잠재적인 장점은 시간 유지기 두 개가 각각 손을 하나씩 맡아서 일정한 설정을 유지할 수 있다는 것이다. 단일한 시간 유지기가 두 손을 함께 맡는다면 시간 유지기의 표적 간격을 계속해서 재설정해야 한다(그림 5b). 두 개의 병렬 타이밍 시스템은 이런 리듬의 생성을 잘 설명하는 듯하지만, 실제로 사람들이 리듬을 칠 때 항상 이렇게 된다고 할 수 없음이 알려졌다. 한 손과 두 손이 만드는 간격의 상관관계 패턴을 분석해 보면 양손의 다중 리듬을 만드는 데 단일한 시간 유지기가 사용되는 것으로 보인다. 한 가지 예외가 있는데, 다중 리듬을 아주 빠르게 연주하는 숙련된 피아노 연주자 중에서 병렬 타이밍을 사용하는 예가 발견되었다.

안정되고 숙련된 다중 리듬 연주의 변이 패턴을 분석해 보면, 두 손의 병렬적인 타이밍이 일반적으로 사용되지는 않는다. 다중 리듬을 만드는 특정한 난점을 설명하기 위해 따로 있지만 서로 영향을 주고받는 타이밍 시스템으로 두 손을 조절하는 모형도 개발되었다. 이런 시스템은 다중 리듬을 만들면서 일어나는 불안정성을 설명할 수 있고, 리듬이 자발적으로 다른 리듬으로 옮겨가는 것도 설명할 수 있다(특히 다섯 박자와 여섯 박자처럼 복잡한 비율에 대해).

뇌기능과 타이밍

　뇌는 운동의 타이밍을 어떻게 제어하는가? 뇌 손상의 영향에 대한 연구와 뇌 영상에 의해, 운동 제어가 뇌 구조 전체에 연결된 그물에 분포되어 있다는 것이 알려졌다. 일차 운동 외피가 주요 운동을 통제하고, 뉴런들이 척추를 따라 몸 전체의 근육에 이르러 신체 각 부위의 운동에 대해 각각 다른 부분의 피질이 운동을 담당한다. 뇌의 여러 부분이 운동 피질에 연결된다(그림 6). 운동 피질 앞에는 전운동(premotor) 피질, 보조 운동 영역이 있다. 이 영역이 손상되면 양손을 함께 쓰지 못하고 따로 놀게 된다. 뒤쪽 두정부 피질이 손상되어도 마찬가지이며, 이 부분은 앞쪽의 운동 영역과 연결되어 있다. 운동 피질에는 피질의 입력뿐만 아니라 시상을 통해 기저 신경절(양쪽 대뇌 반구의 깊은 곳)로 가는 주요 경로가 있으며, 소뇌(대뇌 반구의 뒤쪽 아래)에도 연결되어 있다. 파킨슨 병은 기저 신경절의 기능 이상으로 생기는 운동 장애로, 가만히 있을 때 몸을 떨고 운동이 느려진다. 뇌가 손상되면 여러 관절이 협동 운동을 할 수 없게 되는 일이 많아서, 예를 들어 손을 직선으로 움직일 수 없게 된다.

　그림 6에서 뇌의 운동 회로의 개략도에서 계획과 실행 기능의 구별을 눈여겨 보자. 운동 계획 부분에서 명시적인 타이밍 기술을 담당하는 뇌 부위가 있는지, 그리고 2단계 WK 모형을 적용했을 때 지연 실행과 시간 유지를 담당하는 구조를 구별할 수 있는

지 물어보는 것은 흥미롭다. 이 질문에 대해서는 두 가지 데이터가 유용하다. 첫 번째는 신경 장애 환자들에 대한 신경심리학적 연구이다. 이 환자들이 보이는 타이밍 오류는 기능이 정지된 뇌의 특정 영역 때문일 수 있다. 두 번째는 건강한 사람들을 대상으로 뇌의 활동 패턴 변화를 관찰한 뇌 영상 연구이다. 이런 연구에서 타이밍이 포함되는 여러 가지 활동들이 서로 어떤 차이가 있는지 알아볼 수 있다.

첫 번째 유형의 데이터는 파킨슨 병에 대한 연구에서 나온다. 잘 알려진 이 병의 증상은 가만 있을 때 떠는 것과 수의 운동이 느려지는 것이다. 파킨슨 병의 초기에는 증상이 한쪽 반신에만 일어나는 일이 많은데, 이것은 반대쪽 뇌의 기저신경절 기능이 나빠졌기 때문이다. 파킨슨 병의 초기 환자들에 대해 타이밍의 신경심리학적 연구가 수행되었다. 실험은 운동이 느려지는 증상이 한쪽 반신에만 나타나는 환자에 대해서 수행되었다. 이 연구에서 증상이 생긴 반신의 반응간 간격 변이가 더 늘어나는 것이 발견되었다. 반응간 간격이 늘어나는 이유는 시간 유지기 변이가 커졌기 때문이었고, 이것은 시간 유지 기능이 반대쪽 기저신경절에 있음을 시사한다. 파킨슨 병 환자와 노인들을 비교하는 최근의 집단 연구에서, 타이밍 변이가 늘어나는 이유는 시간 유지기 변이 때문이며, 운동 지연 변이에는 영향을 받지 않음이 입증되었다. 이 연구에서는 기저신경절이 타이밍 기능을 맡는 것으로 나왔지만, 다른 신경심리학적 연구에서는 소뇌가 타이밍에 관여

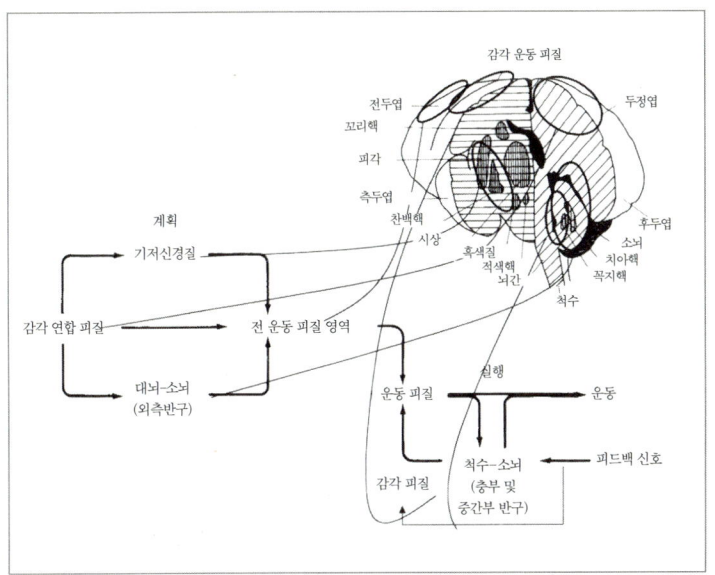

그림 6 ● 뇌와 운동. 뇌의 피질-하부 그물망이 운동의 계획과 실행을 지지한다.

한다는 암시가 나왔다. 소뇌에 반쪽 장애를 가진 신경증 환자는 한쪽 반신에서 반응간 간격 변이가 늘어났다. 소뇌 환자의 두 하위 그룹 사이에서 흥미로운 대비가 있었다. 소뇌 중앙부(medial cerebellum)가 손상된 환자에게서 반응간 간격 변이가 늘어나는 것은 운동 지연 변이가 커진 탓이라고 할 수 있고, 시간 유지기의 변이는 비교적 영향을 받지 않았다. 이 결과는 소뇌의 두 영역이 다른 기능을 조절한다는 그림 6의 설명과 일치한다.

　최근에는 뇌와 타이밍의 연구에 뇌 영상 기술이 사용되기 시작했다. 기능적 자기공명 영상(fMRI)의 뇌 활동 영상을 사용하여 피질과 피질 하부 뇌 영역이 타이밍에 기여한다는 것을 확인했다. 첫 번째 연구에서(이 책 중간에 삽입된 5장 도판 1을 참조할 것), 메트로놈(간격을 300 또는 600밀리초로 설정했다)에 따라 오른손으로 18초 동안 두들긴 다음에 메트로놈을 끄고 계속 같은 보조로 두들기는 실험에서, 메트로놈을 켰을 때와 껐을 때 모두에서 오른쪽 소뇌, 왼쪽 감각 운동 피질, 오른쪽 상부 측두 내회가 활성화되었다. 메트로놈을 끈 뒤에는 오른쪽 하부 정면 뇌회와 보조 운동 영역, 피각(기저신경절 내부의), 시상의 활성화도 관찰되었다. 이 결과들은 메트로놈으로 보조를 유지할 때의 타이밍과 메트로놈을 끈 뒤의 타이밍이 근본적으로 다르다는 것을 시사한다. 후자는 표적 간격의 기억을 유지하는 부가적인 과정이 있음을 보여준다. 이 과정은 오른쪽 정면 뇌회와 오른쪽 상부 측두 내회의 연결을 바탕으로 하고, 보조 운동 영역, 피각, 시상이 함께 작용하는 명시적인 타이밍 제어가 참여한다.

복잡한 리듬을 생성할 때는 단일 간격을 반복할 때보다 더 많은 타이밍과 기억이 요구될 것이다. 뇌 영상을 이용한 두 번째 연구에서는 10초 전에 들은 리듬을 (오른손으로) 재현하기 직전에 뇌 활동 영상을 얻었다. 이 실험에는 정수 비율 리듬과 정수 비율이 아닌 리듬을 모두 사용했다. 두 가지 리듬을 재현하는 동안 일정한 간격으로 뇌의 활성화 패턴을 얻었고, 단조로운 리듬을 재현할 때의 뇌 활성화 패턴과 비교했다. 활성화 패턴에서 상당한 차이가 관찰되었다. 심리물리학적Psychophysical 테스트에서 정수가 아닌 비율을 재현할 때는 단일 간격으로 표현되는 데 반해 정수 비율을 재현할 때는 일관된 관계로 표현되었다. 따라서 이 연구에서 활성화 패턴이 다르게 나온 것은 작업 기억이 더 많이 사용되었다는 뜻일 수 있다.

결론

이 장에서는 활동의 타이밍 제어에 대해 살펴 보았다. 동작의 제어가 중앙 시간 유지기와 말단부의 동작 실행으로 분리되는 모형을 설명했다. 시간 유지기는 타이밍에 관련된 기억, 집중 등의 인지적인 기능에 연결되어 있는 반면에, 말단부의 요인은 운동을 실행할 때의 신경근육 지연과 연결된다. 이 모형은 운동 구현이 시간 유지기에 종속적이라는 점에서 계층적이다. 이 모형을 확장한 형태는 시간 유지기의 계층적 조직을 가지고 있어서, 음악적 리듬 생성에 적용할 수 있다. 이 모형에 피드백까지 덧붙이면 외부 자극에 맞춰서 운동을 조절하는 과정도 설명할 수 있다. 물론 이러한 조절은 음악을 함께 연주할 때 중요하다.

운동 타이밍 이론의 바탕인 두뇌 메커니즘에 대한 연구는 최근에 크게 발전했다. 뇌 손상 환자의 신경심리학적 조사에서 중요한 발견이 나왔고, 정상인들이 시간을 맞추는 작업을 할 때 얻은 뇌 영상에서도 유익한 결과가 나왔다. 이 연구 분야는 뇌 손상과 신경퇴행 질병을 이해하는 데 매우 중요하며, 앞으로 계속 발전할 것이다. 이 연구는 감각 운동 장애의 진단과 치료에 기여하여 환자들의 건강 회복에 도움을 줄 것이다.

· Beek, P. J., Peper, C. E. and Daffertshofer, A., 'Timekeepers versus nonlinear oscillators: how the approaches differ', in *Rhythm Perception and Production*, ed. P. Desain and L. Windsor, pp. 9-33, Lisse: Swets & Zeitlinger, 2000. (A comparison of linear timekeeper and non-linear oscillator accounts of timing.)

· Hazeltine, E., Helmuth, L. L. and Ivry, R. B., 'Neural mechanisms of timing', *Trends in Coglitiue Sciences*, 1 (1997), 163-169. (An interesting introductory overview of issues in timing.)

· Kandel, E. R., Schwartz, J. H. and Jessell, T. M. (eds.), *Principles of Neural Sciences*, 6th edition, New York: McGraw-Hill, 2000. (Includes a thorough overview of behavioural and functional anatomical neuroscience of the motor system.)

· Vorberg, D. and Wing, A. M., 'Linear and quasi-linear models of human timming behaviour', in *Human Motor Performance*, ed. H. Heller and S. Keele, pp. 181-262, New York: Academic, 1996. (Detailed technical information on linear models of timing.)

더 읽을 거리

활동의 시간

6. 시간에 대해 말하기

데이비드 크리스털

서론

더글라스 애덤스(Douglas Adams)의 『은하수를 여행하는 히치하이커를 위한 안내서』의 주인공이 2부인 '우주의 끝에 있는 레스토랑'에 묘사된 장소에 갔을 때, 해설자는 시간 여행의 난점에 대해 조용히 사색에 빠진다.

가장 큰 문제는 간단히 말해서 문법적인 문제다. 이 문제와 관련해 참조할 수 있는 가장 정통한 논문은 댄 스트리트멘셔너(Dan Streetioner) 박사의 「1001가지 시간 여행자용 시제 구조 핸드북」이다. 이 책은 가령, 과거에 어떤 일이 당신에게 곧 벌어질 상황이었는데 당신이 그 일을 피하기 위해 시간을 이틀 뛰어넘었을 때 그 일을 어떻게 묘사해야 할지 말해준다. 그것은 당신이 현재의 시점에서 그 일에 대해 이야기하는지, 더 미래의 시점에서 이야기하는지, 혹은 먼 과거의 시점에서 이야기하는지에 따라 달라질 것이다. 게다가 당신이 실제로 자신의 아버지나 어머니가 될 작정을 하고 이 시간에서 저 시간으로 시간 여행을 하는 중에 대화를 한다면, 문제는 더욱 복잡해진다.

대부분의 독자들은 '미래 반조건 수식 하위 역전 변격 과거 가정 의시 시제(Future Semi-Conditionally Modified Sub-inverted Plagal Past Subjunctive Intentional)' 정도까지 가면 포기한다. 사실 이 책의 나중 판본들은 인쇄 비용을 아끼기 위해 그 지점 이후의 페이지들을 모두 백지로 출판했다.

『은하수를 여행하는 히치하이커를 위한 안내서』는 이런 추상적인 학문상의 혼란을 가볍게 넘겨 버린다. 다만 '미래 완료'라는 용어는 그것이 존재하지 않는다고 밝혀졌기 때문에 폐기되었다는 언급만 잠깐 하고 있을 뿐이다.

전통적인 견해

사실 '1001'이라는 숫자는 단순한 과장이 아니다. 세계 각지의 언어들이 시간을 나타낼 때 사용하는 방식은 정말로 다양하다. 확실히 우리는 처음에 학교에서 영어를 공부하면서 주입된 사고 방식을 잊어버려야 한다. 학교에서는 300년 전에 굳어진 전통에 따라 시간의 표현 방식이 아주 단순하다고 가르친다. 시간은 동사의 시제에 의해 표현된다. 시간의 선을 따라 과거, 현재, 미래가 있고, 여기에 대응해서 동사의 세 가지 기본 시제가 있다. 기본 시제는 다시 더 잘게 나눠진다. 먼저 '현재 이전에 완결된 시간'이 있다. 이것이 이른바 '완료' 시제(이것은 '완전한 과거'이다)이다. 또 '현재 이전에 완결되지 않은 시간'도 있어서, 이것은 이른바 '미완료 시제'(다시 말해 '불완전한 과거')이다. '과거 이전에 완결된 시간'도 있다. 이것은 과거완료(pluperfect)이며, 라틴어 plus quam perfectum(과거보다 더)를 줄인 말이다. 그림 1

은 이러한 체계를 보여준다. 이것은 가장 오래되고 영향력이 컸던 책인 린들리 머리(Lindley Murray)의 『영어 문법』(1795)에 나온 예이다. 라틴어를 배우면서 자란 사람이라면 누구나 이것들이 아주 낯익을 것이다. 라틴어도 같은 체계로 설명된다. 그림 2는 amare(사랑하다)의 형태 변화로 이 체계를 보여준다. 라틴어 체계는 아주 깔끔해 보인다. 모든 형태에서 어미가 분명하고, 동사의 어미 변화가 시간을 나타낸다. 이것이 바로 전통적인 의미의 '시제'의 정의이다.

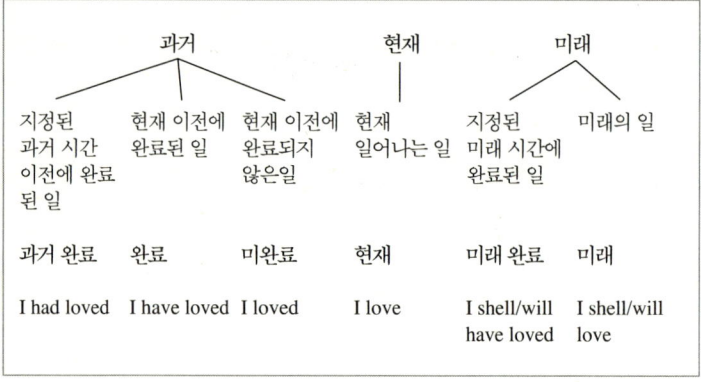

	과거			현재		미래	
지정된 과거 시간 이전에 완료된 일	현재 이전에 완료된 일	현재 이전에 완료되지 않은일		현재 일어나는 일		지정된 미래 시간에 완료된 일	미래의 일
과거 완료	완료	미완료		현재		미래 완료	미래
I had loved	I have loved	I loved		I love		I shell/will have loved	I shell/will love

그림 1 ● 전형적인 전통적인 영어 시제 체계 분석

과거 완료	완료	미완료	현재	미래 완료	미래
amaveram	amavi	amabam	amo	amavero	amabo

그림 2 ● 동사 amare(사랑하다)를 사용하여 나타낸 라틴어의 시제 체계

그러나 영어에서는 이 체계가 라틴어처럼 완벽하지 않다. 영어의 예에서 어미를 보자. 네 가지 예에서 어미가 -ed이고, 두 가지는 아예 어미가 없다. 그래서 loved와 love의 형태만 있다. 분명한 어미가 없는데도 감히 '시제'라는 말을 쓸 수 있을까? 하지만 린들리는 여러 가지 시제가 있다고 강변했고, 이것이 영문법의 전통이 되었다. 그는 이렇게 썼다.

영어에는 여섯 가지 시제가 있다. 시제를 둘 또는 세 가지로 제한하는 문법학자들은 영어 동사가 대개 주동사와 조동사로 나눠진다는 것을 고려하지 않기 때문이다. 그리고 이 여러 가지 부분이 하나의 동사를 이룬다. 영어에서는 미래 시제가 없거나(반론이 필요하기에는 너무 터무니없는 주장이다), 아니면 미래 시제는 조동사와 본동사로 구성된다. 논의의 여지 없이 후자가 사실이며, 본동사와 조동사가 연합하여 미래 시제를 이룬다.

다른 문법학자들도 이 생각을 기꺼이 받아들였고, 그 결과로 몇몇 책에서 시제의 수가 점점 늘어났다. 『브리태니커 백과사전』(1771) 초판의 '문법' 항목에는 이렇게 적혀 있다.

시간에 대한 일차적이고 가장 명백한 분리는 현재, 과거, 미래이다. 그러나 우리는 시간을 더 많이 나눌 것이다. 과거와 미래는 무한히 연장되므로 보편적인 과거 시간에서 수많은 특수한 과거 시간들을 가정할 수 있고, 보편적인 미래 시간에서 수많은 미래 시간들을 가정할 수 있다. 그들 중 어떤 것은 어느 정도 멀거나 가까워서, 각각 서로 다른 관계들에 대응한다.

이러한 기반 위에서 각각의 시제는 확정과 미확정 유형으로 나눠진다. 예를 들어 미확정에는 I did write, I may write, I can write가 있다. 이렇게 해서 극단적으로 많은 불특정의 시제가 나왔다. 이런 생각은 아직도 영향력이 있다. 예를 들어 I would write를 '조건적 시제'라고 부르기도 하는데, 외국인에게 영어를 가르칠 때 여전히 이런 것들이 사용된다.

물론 일찍부터 이것이 오컴의 면도날[1]을 너무 심하게 무시한 것이라고 본 사람들도 있었다. 문법적 성분들이 필요한 정도를 넘어서서 너무 많이 증식한 것이다. 1829년에 윌리엄 코벳은 열네 살 난 아들 제임스에게 보내는 편지 형식으로 『영어의 문법』을 썼다. 이 책의 제목은 다음과 같이 계속된다. '일반적으로 학교와 어린 사람들을 대상으로 하지만, 특히 군인, 선원, 도제, 농부들을 위함. 정치인들이 잘못된 문법을 사용하고 어색한 글을 쓰는 것을 막기 위한 여섯 강의가 추가됨.' 이 책에서 '시간'이라는 절은 이렇게 시작된다.

---

1) 영국의 스콜라 철학자인 윌리엄 오컴(William of Ockham)의 이름에서 유래한 이 원리는, 한 마디로 같은 현상을 설명하는 두 가지 주장이 있을 경우 단순한 쪽을 취하라는 사고의 경제 원리이다.

여기에서 시간에 대해 말할 만한 것은 별로 없다. 완료, 현재, 대과거, 대과거완료와 같은 으리으리한 구별은 단지 배우는 사람을 놀라게 하고, 혼란스럽게 하고, 헷갈리게 하고, 싫증나게 하려는 것뿐이다.

계속해서 그는 이렇게 설명했다.

그렇다면 왜 수많은 인위적인 구별에 당황해야 하는가? 이런 것들은 결코 실제로 쓰이지 않는다. 이런 구별은 다음과 같은 이유로 도입되었다. 영어 문법책을 쓴 사람들은 라틴어를 배웠다. 그들은 라틴 문법에서 벗어날 수 없었거나, 아니면 뭔가 복잡하게 만들어 놓으면 대중보다 더 학식이 있는 것으로 보일 것으로 생각했다. 그래서 그들은 우리의 단순한 언어를 비비 꼬아 복잡한 라틴어의 원리에 끼워맞춰 놓은 것이다.

조금 앞에서 그는 최소주의 입장을 표명했다.

시간은 현재, 과거, 미래의 세 가지 뿐이다. 이것을 표현하기 위해서 우리의 언어는 가능한 한 가장 적합한 단어와 어미만을 가지고 있다.

나는 (적어도 프랑스에서는) 이 마지막 주장을 논박할 사람을 여럿 생각할 수 있다! 그러나 여기에서 나는 그의 첫 번째 관찰인, 영어(그리고 가능한 모든 언어)는 단순한 세 가지 체계로 분석될 수 있다는 점에 대해서만 말하겠다. 사실 그 관계는 훨씬 더 복잡하다. 하지만 그것은 린들리 머리나 브리태니커 사전의 방식은 아니다. 영어(또는 모든 언어)에서 시간 표현의 모든 가능성을 포괄적으로 설명하는 일은 아직 아무도 해내지 못했을 정도로 복잡하다.

시제의 시간 기준

거의 모든 전통적인 문법학자들은 시간과 시제의 관계가 직접적이고 단순하다고 믿었다. 코벳의 말을 다시 보자.

시간은 아주 분명한 주제이다. 이것은 우리에게 잘 알려져 있어야 한다. 현재인지, 과거인지, 미래인지, 우리가 표현하려고 한 것에 대해서 말이다. 예를 들어 우리가 작년에 했던 일에 대해 '우리는 일한다'고 말하는 법은 없다.

이런 면에서 현재 시제는 단지 현재의 시간, 즉 말하는 순간에 일어나는 일만을 가리킨다. 지난 세기에 씌어진 영어 문법에 대한 언어학적 측면의 한 가지 주요 공헌은 이러한 실패를 보여준

데 있다. 현재 시제는 사실상 거의 모든 시간을 가리킬 수 있다. 이제 거꾸로 가 보자.

신문을 집어 들고 머리기사를 보면, Kim Smith dies(킴 스미스 사망)라고 적혀 있다. 이것은 현재 시제이지만, 사건이 일어난 시간은 가까운 과거이다. 이 문장은 '그가 방금 죽었다'는 뜻이다. 이것은 불쌍한 스미스가 우리가 읽는 동안에 죽어가고 있다는 뜻이 아니다. He dies(그는 죽는다)라는 현재 시제의 문장은 오로지 무대 지시에서만 나올 수 있다. 그러나 신문에 나오는 현재 시제는 충격적이고 생생한 느낌을 전달하려는 것이다. 현재 시제는 신문 내용이 아주 최근의 일임을 암시한다. 여기에 비해 Jim Smith has died는 밋밋해 보이고, Jim Smith died는 더 밋밋해 보인다. 그림 3은 신문의 머리 기사에 현재 시제가 얼마나 많이 사용되는지 잘 보여준다.

그림 3 ● 전형적인 신문의 앞면. 모두 현재 시제를 사용하고 있다.

힐러리가 루시에게 와서 I hear you've found a new flat(네가 새 아파트를 구했다는 소식이 들리더군)이라고 말한다. 그러나 그녀는 루시에게 아무 것도 들은 적이 없다. 그녀는 이전의 어느 때에 이 소식을 들었다(어쩌면 며칠 전일지도 모른다). I hear you는 누군가가 말하고 있을 때 대답으로 할 수 있는 말이지만, 단지 어떤 특별한 상황에서만 허용된다. 예를 들어 순응적으로 I hear you라고 하면 '당신의 말을 알아 들었다(하지만 반드시 동의한다는 뜻은 아닐 수 있다)'는 뜻이 되지만, 누군가에게 맞서면서 I hear you, I hear you!를 외치면 입을 닥치라는 뜻이 된다. I hear you(I see, I find와 그 밖의 것)의 보통의 용법은 과거에 일어난 일을 마치 지금 일어나는 것처럼 묘사하는 것이며, 이것을 '역사적 현재'라고 부르기도 한다. 이것은 극적인 효과를 위해 현재 시제를 사용하는 것이다.

이야기나 상상적인 문학에서 훨씬 더 오래 전의 이야기를 할 때도 현재 시제를 사용할 수 있다. 누군가가 이렇게 이야기를 시작한다. '들어 봐. 옥스퍼드 거리를 걷고 있는데, 맞은 편에 내 동생이 있지 뭐야…….' 이때 여기에다 대고 시비를 걸 생각이거나 술이나 마약에 취해 있는 것이 아니라면, 다음과 같이 대꾸할 사람은 없을 것이다. '잠깐만, 당신은 지금 옥스퍼드 거리를 걷고 있지 않고, 여기에서 나에게 이야기하고 있어.' 여기에서도 마찬가지로 생생한 느낌을 주기 위해 현재 시제가 사용되었다. 이야기꾼은 이렇게 말할 수도 있다. '나는 옥스퍼드 거리를 걷고 있었는데, 맞은 편에서 내 동생을 보았다…….' 하지만 이렇게 하면 말하는 사람이 사건과 거리를 두게 된다. 아무리 오래된 일이라도 이런 방식으로 말할 수 있다. 또한 상상력이 있는 역사가는 이렇게 쓸 수 있다. '마침내 1215년에 남작들은 루네메드에서 왕을 만난다…….' 그리고 연표에서는 모든 것을 현재 시제로 쓴다. 예를 들면, '기원전 264년 1차 카르타고 전쟁이 일어나다'의 식이다. 그림 4에서 여러 가지 예를 볼 수 있다.

현재 시제를 사용해서 미래를 가리키는 경우는 어떤가? **We leave for France tomorrow**(우리는 내일 프랑스로 떠난다). **I start a new job next week**(나는 다음 주에 새로운 일을 시작한다). 이런 표현에는 아무 문제가 없다. 부사가 미래를 가리키기 때문이다. 내가 의자에 앉은 채 '나는 내일 프랑스로 떠난다'라고 말해도, 아무도 이상하게 여기지 않을 것이다. 하지만 전혀 움직일 낌새를 보이지 않으면서 '나는 떠난다'라고 말하면, 이때는 사람들이 무슨 소리인가 하면서 눈을 크게 뜨고 나를 쳐다볼 것이다.

과거에 시작되어 현재를 지나 미래까지 연장되는 일을 나타낼 때도 현재 시제를 쓸 수 있다. 이것은 반복되는 일이나 주기적으로 일어나는 일을 표현할 때 나타난다. 여기에서도 사건의 반복을 대개 부사적 표현에 의지한다. '나는 목요일마다 읍내로 간다'는 과거에 목요일에 읍내로 갔고, 미래의 목요일에도 읍내로 간다(물론 여유가 있으면)는 뜻이다. 말하는 때가 목요일이라면,

1916 Battle of the Somme.	1933 Franklin Roosevelt introduces New Deal.
1916 Irish rebellion (to 1921).	1933 Adolf Hitler becomes Chancellor of Germany.
1917 US Expeditionary Force in Europe.	1933 Reichstag Fire in Berlin.
1917 Russian Revolution.	1933 Prohibition repealed in the USA.
1917 Civil war in Russia (to 1922).	1933 Discovery of polythene.
1917 Balfour Declaration promises Jews a home in	1934 Long March of Chinese Communists begins (to
Palestine.	1935).
1918 Fourteen Points statement by President Wilson.	1934 Discovery of nuclear fission.
1918 End of First World War.	1935 Italian invasion of Abyssinia (Ethiopia).
1918 Women over 30 given right to vote in Britain.	1936 Beginning of Spanish Civil War (to 1939).
1919 May 4th movement in China.	1936 Anti-Comintern Pact between Japan and
1919 Foundation of Soviet Republic.	Germany.
1919 Amritsar massacre in India.	1936 Arab revolt in Palestine.
1919 Bauhaus movement established in Germany.	1936 British constitutional crisis over Edward VIII.
1919 John Alcock and Arthur Brown make first	1936 John Maynard Keynes publishes his economic
Atlantic air crossing.	theory.
1919 First woman MP in House of Commons (Lady	1936 First public television transmissions in Britain.
Astor).	1936 *Queen Mary's* maiden voyage.
1919 Adolf Hitler founds National Socialist German	1936 Crystal Palace destroyed by fire.
Workers' Party.	1937 War between Japan and China begins.
1919 Spartacist rising in Berlin crushed.	1937 Pablo Picasso paints 'Guernica'.
1919 League of Nations established.	1937 Golden Gate Bridge completed in San Francisco.
1920 Radio broadcasting begins.	1937 *Hindenburg* zeppelin destroyed by fire in USA.
1921 Treaty partitions Ireland.	1937 Jet engine tested.
1922 USSR established.	1938 Germany occupies Austria.
1922 Benito Mussolini in power in Italy.	1938 Munich Agreement.
1922 Frederick Banting and Charles Best isolate	1938 Discovery of nylon.
insulin.	1938 Chester Carlson makes first xerographic print.
1922 BBC makes first regular broadcasts.	1939 Germany invades Czechoslovakia and Poland.
1922 Tomb of Tutankhamun discovered in Egypt.	1939 Second World War begins.
1923 Munich putsch by Adolf Hitler.	1940 Evacuation of Dunkirk.
1923 Republic proclaimed in Turkey.	1940 Battle of Britain.
1923 Major earthquake in Japan.	1940 Plutonium obtained by bombardment of
1924 Death of Vladimir Ilyich Lenin.	uranium.
1925 Publication of Adolf Hitler's *Mein Kampf*.	1941 Germany invades Russia.
1926 General Strike in Britain.	1941 Japanese attack Pearl Harbor.
1926 Jiang Jieshi (Chiang Kai-shek) leads movement	1941 Death of James Joyce.
for reunification of China.	1941 Orson Welles makes *Citizen Kane*.
1926 John Logie Baird demonstrates television.	1942 Construction of first nuclear reactor.
1927 Talking pictures begin.	1942 Defeat of Germany at El Alamein.
1927 Charles Lindbergh's first solo flight across	1942 American defeat of Japan at Midway.
Atlantic.	1942 Anglo-American landings in North Africa.
1927 Duke Ellington begins playing at the Cotton	1943 Surrender of German army at Stalingrad.
Club.	1943 Capitulation of Italy.
1928 Alexander Fleming discovers penicillin.	1944 D-Day landing in Normandy.
1928 Walt Disney introduces Mickey Mouse.	1944 Education Act in Britain.
1929 Wall Street crash.	1945 Atom bombs dropped on Japan.
1929 Lateran Treaty establishes Vatican as state.	1945 Second World War ends.
1930 Amy Johnson's solo flight, England to Australia.	1945 Yalta Conference.
1931 Creation of republic in Spain.	1945 Nuremberg War Crimes Tribunal opens.
1931 Japanese occupy Manchuria.	1945 United Nations established.
1931 Empire State Building built in New York.	1945 Republic of Yugoslavia established under Tito.
1932 Foundation of Kingdom of Saudi Arabia.	1946 Perón in power in Argentina.
1932 Chaco War between Paraguay and Bolivia (to	1946 Civil War in China (to 1949).
1935).	1946 Civil War in Indo-China (to 1954).

그림 4 ● 〈Cambridge Factfinder〉의 연표에서 가져온 예. 현재 시제를 널리 사용하고 있다.

말하는 동안에 가고 있을 수도 있다. 아무런 부사적 표현이 없으면 '습관'의 의미를 지니기도 한다. 예를 들면, James drinks(제임스는 술을 자주 마신다)와 같은 식이다.

마지막 용법은 현재 시제의 '일반적인 진리' 용법과 아주 가깝다. 여기에서 언급되는 시간은 모든 가능한 시간으로 확장된다. 다시 말해서 무시간적인 명제이다. '기름은 물에 뜬다. 둘 더하기 둘은 넷이다.' 여기에서 다른 시제를 쓰면 이상해진다. '기름은 지난 주에 물에 떴다. 둘 더하기 둘은 내일 넷이 될 것이다.'

현재 시제의 사용과 현재를 가리키는 것이 단순한 상관 관계가 아니라는 사실은 거의 명백하다. 시간을 나타내는 언어학적 형태들은 다양한 방식으로 시간을 가리킬 수 있다.

미래 시간의 표현

반대도 역시 마찬가지이다. 어떤 시간이든 여러 가지 언어학적 형태로 표현할 수 있다. 미래 시간은 이것을 설명하기에 적절한 영역이다. 영어에는 미래 시제가 단일한 어미로 묶여 있지 않기 때문이다. '시제'를 주로 시간을 표현하기 위해 동사의 어미를 바꾸는 체계로 본다면, 엄밀하게 말해서 영어에는 미래 시제가 없다. 이것은 프랑스어(Je donnerai)나 다른 여러 언어와는 다르다. 앞에서 보았듯이 린들리 머리는 영어에 미래 시제가 없다는 것은 '논박할 필요조차 없는 어리석은 주장'이라고 보았다. 그에게 I will/shall go은 미래 시제로 여겨질 것이다. 그러나 이런 관점에는 심각한 문제가 있다.

주된 문제는 이렇다. will과 shall을 미래 시제로 본다고 하자. 이것들이 미래의 의미를 전달하기 때문에 미래 시제라고 하면, 논리적으로 미래 의미를 표현하는 모든 형태를 미래 시제에 포함시켜야 한다. 이런 것은 아주 많다. 몇 가지 예를 보자.

will과 shall 외에도 would와 should가 있다. If I went Paris, I would go up to the Eiffel Tower(내가 파리에 간다면 에펠탑에 올라갈 텐데)는 가설적이지만, 이것은 분명히 미래이다. He should be arriving by boat(그는 배를 타고 올 것이다)도 마찬가지이다. 미래 시간을 표현하는 말이나 구조에 '시제'라는 말을 쓰기를 고집한다면, 여기에는 '가설적 미래 시제' 또는 그 비슷한 이름이 붙어야 한다.

격식을 차리지 않는 표현인 be going to, 예를 들어 I'm going to get something to eat(뭔가 먹을 것을 구해야겠다)는 대개 /gona(고나)/로 발음된다. 이 구조는 바로 다음에 일어날 일을 표현하는 데 쓰인다. 여기에 굳이 시제라는 말을 쓴다면, 이것은 '근미래' 시제라고 해야 할 것이다.

이것보다 드물게 쓰이지만 be about to도 있다. 예를 들면 I'm about to get something to eat(뭔가 먹을 것을 구해야겠다)도 있다. 이 구조는 be going to보다 더 금방 일어날 일을 표현한다. 이것은 아마도 '최근미래' 시제라고 불려야 할 것이다.

더 격식을 갖춘 표현인 be to는 I'm to get something to eat처

럼 쓰여서, 누군가가 나에게 지시를 했다는 뜻이 된다. 이것도 가까운 미래가 되며, be going to에 비해 어느 쪽이 가까운가에 대해서는 논란 거리이다. 분명히 시간의 기준은 아주 비슷하며, 다른 것이 있다면 그것은 태도이다. 시제 옹호자들은 이런 것들을 크게 걱정할 것이며, 모두 시간선상에서 각각 다른 점을 가리킨다고 우리를 설득하려 들 것이다.

영어에는 미래의 요소를 가지지만 표현이 다른 동사가 많이 있다. may와 might의 I may go, I might go를 생각해보자. 이것은 분명히 미래이지만, 주로 가능성이나 허락을 나타낸다. 그렇다면 이것은 '추정상의' 미래 시제라고 해야 할까? 게다가 may는 might와 같지 않아서, 전자 쪽이 어떤 일이 일어날 가능성이 더 크다. 의심할 바 없이 이것은 '확정적인 추정' 시제와 '불확정적인 시제'로 나눠야 할 것이다.

이렇게 해서 will/shall 말고도 여섯 가지 '미래 시제'가 나왔지만, 아직 동사가 가진 모든 가능성을 완전히 찾아내지 못했다 (예를 들어 have to, had better, have got to). 그리고 아직 미래 시간을 표현하는 부사적 표현을 고려하지 못했다. 여러 가지 부사가 미래 시간만을 나타낸다. 그 중 일부는 아주 즉각적인 미래를 나타내고(any moment now), 또 어떤 것은 기준점이 제거된 시간을 나타낸다(몇 분 안에, 오늘 오후 늦게, 내일, 모레, 다음주, 다음 다음 주, 다음 달, 다음 해). 또 어떤 것은 여러 가지 확정성의 수준을 가진다(27분 안에, 다음 월요일에, 이날들 중에, 머지 않아).

이 모든 것을 시제로 본다는 것은 어리석은 일이다.

과거와 현재 시제가 미래를 나타내는 것도 있다. 적절한 부사 성분이 있을 때 현재가 미래 시간을 표현하는 것을 앞에서 보았다(We leave for France tomorrow 우리는 내일 프랑스로 떠난다). 과거 시제도 이런 방식으로 쓸 수 있다. 다음 문장을 보자. I was going to Paris next Tuesday, but I'm not(나는 다음 화요일에 파리로 떠날 예정이었지만, 지금은 아니다). 과거 시제인 was going이 다음 화요일을 가리키지만, 이 사건은 이제 일어나지 않게 되었다. 말하자면 '미래가 아닌 미래'인 셈이다.

반대의 경우도 있다. 다른 시제들이 미래를 표현할 뿐만 아니라, 미래 시제라고 가정된 will과 shall이 과거나 현재 시간을 표현하는 것이다. 다음 문장은 무슨 뜻인가? John will keep coming in at midnight. 강세가 위와 같으면 이 문장은 과거로 해석된다. 이 문장은 존이 과거에 늘 밤늦게 왔으며, 이런 행동이 계속될 것임을 가리킨다. 존이 미래의 어떤 시점부터 밤에 늦게 온다는 것을 의미하지 않는다. 또 이런 문장을 보자. Oil will float on water. 이 문장도 미래의 어떤 시점부터 기름이 물에 뜬다는 뜻이 아니다. 이것은 또 하나의 '무시간적인' 문장이다.

문제는 명백하다. 시제가 단순히 시간을 표현하는 것이라면 영어에는 열 가지 이상의 시제가 있어야 한다. 다른 언어도 마찬가지이다. 이렇게 되면 유용한 의미를 지닌 시제가 엉터리가 되어 버린다. 동사는 그렇게 많은 부담을 질 수 없다. 이런 일은 언어의 다른 성분에서도 일어난다. 조동사, 반조동사(semi-auxiliary verb), 부사, 부사구들도 시간 표현에 기여한다. 이것을 다른 방식으로 말해 보자. 시간의 표현은 문장 전체에 퍼져 있다. 어떤 문장은 이 점을 강력하게 설명한다. 다음 문장에서 시간의 뉘앙스를 살펴보자.

The former president is determined to keep on popping in and out of his brand-new office on Thursdays for the forseeable future. (전직 대통령은 예측 가능한 미래에 목요일에 새로 단장한 사무실에 계속해서 잠깐씩 드나들기로 결심한다.)

former president(전직 대통령)는 과거의 시간이고 is determined(결심한다)는 현재이며, keep on(계속)은 습관적으로 계속됨을 나타낸다. 또 popping(불쑥 들르다)은 순간적임을 나타내는 동사로 아주 짧은 시간을 나타낸다. in and out은 빈도를 나타내는 표현으로 긴 시간을 함의한다. brand-new office(새로 단장한 사무실)에는 시간 한정 형용사가 나온다. on Thursdays(목요일에)는 빈도를 나타내는 또 하나의 표현이다. for the forseeable future(예측 가능한 미래에)는 미래를 나타내는 부사구이다. 문장의 시간은 과거에서 현재를 통과해서 미래로 간다. '시간이 그렇게 명백한 주제인가?'

언어에서 동사가 시간을 나타내는 표현이라고 강조하다 보면 언어의 다른 부분에 대해서는 잊어버리게 된다. 나는 이미 부사를 언급한 적이 있다. 여기에 몇 가지 다른 예가 있다.

· 형용사: brand-new(새로 만들어낸), old(낡은), fledgling(풋내기), mint(사용하지 않은), experimental(실험적인), modern(현대의), latter-day(현대의), up-to-date(최신의), topical(시국에 관한), traditional(전통적인), ancient(고대의), bygone(과거의), obsolete(시대에 뒤진), elapsed(시간이 지나간), brief(잠시의), outgoing(떠나가는), punctual(시간을 잘 지키는), eventual(언젠가는 일어나는), venerable(오래된). 물론 past(과거), present(현재), future(미래)도 시간을 나타낸다.

· 명사: date(날짜), hour(시간), millennium(천년), epoch(시대), morning(아침), day(날), week(주), year(해), season(계절) 등을 비롯해서 시간을 나타내는 고유명사 January(1월), Thursday(목요일) 등. tenure(종신 재직권), period(기간), interim(잠시), lull(잠시 멈춤), interlude(막간), adjournment(연기), perpetuity(영속), delay(지연), aftermath(여파), successor(후계자), occasion(때), relic(유적), fossil(화석) 등의 개념.

· 전치사: during(동안), throughout(내내), until(할 때까지), up to(까지), before(전에), after(뒤에), since(이후 내내)

· 접속사: when(언제), whenever(……할 때면 언제나), while(동안) 등과 함께 until(할 때까지), before(전에), after(뒤

에), since(이후 내내)처럼 접속사 기능을 하는 많은 단어들.

단어의 일부인 접두어나 접미어도 시간 관계를 표현한다. 영어에서 이것은 주로 접두어인 ante-(더 앞의), proto-(최초의), pre-(이전의), post-(뒤의), ex-(전), fore-(미리), re-(다시; rebuild(다시 짓다)), neo-(새로운), paleo-(원시의)를 통해 이루어진다. 이 개념을 사역 접미사 -en(frighten, 놀라게 하다)과 -ify(beautify, 아름답게 하다)로도 확장할 수 있다.

다른 언어와 문화

이제까지는 영어에 대해서만 시간의 표현을 알아보았다. 영어가 아닌 다른 언어를 말하는 사람들도 영어 사용자들처럼 시간의 선을 생각한다고 볼 수 없으며, 그들이 시간을 선으로 생각한다고 보아서도 안된다. 아메리카 원주민 호피(Hopi)의 언어에는 세 가지 시제가 있지만, 그것은 과거, 현재, 미래가 아니다. 한 시제는 일반적인 진리('강물은 빠르게 흐른다' 등)를 나타내고, 하나는 알려져 있거나 가능성이 큰 일을 말할 때 사용하며('나는 그녀를 지난주에 보았다', '이제 나는 너를 볼 수 있다'), 또 하나는 불확실한 일을 나타낼 때 사용한다('그녀는 내일 도착한다', '그들은 사슴을 잡을 것이다'). 영어의 시간 개념을 가로지르는 이 개념들은 영문법의 상(aspect)이나 법(mood)과 관계가 있다.

시제에 가장 잘 어울릴 듯한 어미는 동사가 아닌 다른 곳에 나타날 수도 있다. 아메리카 원주민 포타와토미(Potawatomi)의 말에는 명사의 어미가 과거 시간의 뜻을 담고 있어서, 어미에 따라 '나의 아버지'가 '나의 돌아가신 아버지'가 되거나 '나의 카누'가 '나의 도둑맞은 카누'로 바뀐다. 이것은 영어에서 시간을 표현하는 방식과 다르지만, 그것대로 논리적이다. 영어에서는 시간을 동사를 통해 활동의 범주에 넣는다. 시간을 다른 언어에서 명사를 통해 그렇다고 사물의 범주에 넣지 못할 이유가 없다. 아버지가 죽었다는 표현(다시 말해, 아버지+존재+과거)에서 과거성을 활동(죽었다)에 붙일 수도 있고, 그 활동에 영향을 받은 것(망부)에 붙일 수도 있다. 영어에서는 이렇게 하면 농담이 될 뿐이다. 예를 들어, 몬티 피턴이 한 말인 '그것은 한때 앵무새(ex-parrot)였던가'를 기억하는가? 하지만 어떤 언어에서는 이것이 정상적인 표현 방식이다.

일본어에서는 시간 관계가 동사뿐만 아니라 형용사에서도 나타난다. 미국 언어학자 버나드 블록의 분석에 따르면, 일본어의 동사는 아홉 가지 범주로 어형이 변화한다. 그 중 하나(사전에 나오는 기본형이다)가 비과거 시간을 표현한다. 어떤 성질(예를 들어, '좋음')이 지금 또는 미래에 참이다. 이 형용사는 단순히 '좋음'을 뜻하지 않고, 지금 좋아질 것임을 나타낸다. 다른 어형 변화는 과거를 나타내어서, 어떤 성질이 과거에 '좋았다'는 뜻이 된다. 또 다른 대조는 직설적 의미와 추정적 의미를 구별하는 것이다. 현재 시간에서 이 성질은 '분명히 좋다', '분명히 좋을 것이다', '어쩌면 좋을 것이다' 등이며, 과거 시간으로는 '분명히 좋았다', '분명히 좋았을 것이다' 등이다. 이렇게 계속되어 모두 아홉 가지가 있다. 여러 가지 어미는 동사의 어미에 대응되며, 일본어에서는 어미 때문에 형용사가 동사보다 훨씬 더 '활동적인' 부분이 된다.

이러한 언어학적 차이는 언어들이 시간 관계를 표현하는 형식적인 방법과 관련된다. 그것들은 문법의 영역(형태와 구문)에서 중심적이다. 또 어떤 학자에 따르면, 이러한 중요성은 문법을 훨씬 넘어선다. 조지 스타이너(George Steiner)는 『바벨 이후*After Babel*』(1975)에서 시제가 전체적인 사고 방식을 통제한다고 말했다.

우리가 익히 사용하는 동사의 어형 변화는 우리의 살갗과 자연스러운 몸의 굴곡이나 마찬가지이다. 동사의 어형 변화로부터 우리는 개인적인 과거와 문화적인 과거를 짐작한다. 그 과거는 대단히 세밀하지만 완전히 파악할 수 없는 '우리 뒤'의 풍경이다. 우리는 동사의 시제를 변화시키면서 문자의 힘과 물리적인 힘을 행사한다. 그리하여 화자가 점유하는 평면에서 지시점이 앞뒤로 이동하고, 일시적으로 정지했지만 여전히 계속 앞으로 나아가는 것처럼 생각하게 한다.

뉴턴의 은유에 따라 우리는 시간을 직선으로 생각한다. 우리는 이 직선을 일정한 지속들로 나누기도 하고, 이 직선 위에서 일정표를 짜기도 한다. 그러나 위의 묘사는 이러한 문화적 근원 자체를 파괴한다. 시간에 대해 말하는 방식은 사람들이 어떻게 생각하며 어떻게 살아가는지에 대해 심오한 무언가를 알려준다는 일반적인 관점 자체는 교훈적이다. 따라서 여기에서 몇 가지 대안을 살펴보자.

모든 사람들이 시간을 1차원(즉 선, 길, 경로)에 관련시킬 수 있다고 생각하지는 않는다. 북미 원주민들(호피, 블랙풋의 두 가지 보고된 예를 들면)이 그렇고, 아프리카의 여러 부족들도 그렇다. 그들에게 시간은 살아 움직이는 정령의 활동이다. 시간은 사물이 변할 때 일어나는 그 무엇이다. 예를 들어 (인류학자 폴 보해넌 Paul Bohannon에 따르면) 나이지리아의 티브(Tiv) 부족들에게 시간은 캡슐과 같다. 요리하는 시간이 있고, 방문하는 시간, 일하는 시간이 있다. 사람들이 이러한 시간에 참가하면, 그들은 다른 것으로 옮겨가지 않는다. 예를 들어, 한 주일의 하루는 가장 가까운 시장에서 팔리는 것에 따라 이름이 정해진다. 즉, 월요일은 가구의 날이고, 화요일은 소의 날이다. 다시 말해 당신이 여행을 다닌다면, 오늘이 무슨 요일인지는 당신이 어디에 있는지에 따라 달라진다는 것이다. 소의 날은 (서구의 용어로 보면) 어느 곳에서는 화요일이지만 다른 곳에서는 목요일이다. 당신은 80킬로미터를 여행하는 데 이틀이나 걸렸지만, 처음 출발했을 때와 같은 요일에 있게 된다.

영어에서는 시간을 실세계에서 일어나는 변화에 따라 말하지 않는다. 물론 다른 문화에서 이런 것을 받아들이기도 한다. '모든 것에는 제 철이 있고, 하늘 아래에는 모든 목적을 위한 시간이 있다'고 전도서는 말하며(3장 1절), 그 뒤에 여러 가지 사례를 나열한다. 그러나 이것을 벗어나서, 우리가 얻을 수 있는 가장 가까운 것은 지방 특유의 풍토가 반영된 관용적 표현들이다. 암소가 집에 올 때까지 계속 말해도 좋다는 말에는 티브 방식의 암시가 풍긴다. 하지만 이것은 단지 암시일 뿐이다. 시간에 관한 몇 가지 다른 관용적 표현들도 이런 가능성을 보여준다. 내 얼굴에 우울함이 남아 있는 동안, 모자를 떨어뜨릴 때 등이 그러한 예이다. 그러나 이런 것들이 영어 표현의 주류는 아니다.

또 다른 종류의 차이는 시간에 대해 말하는 사람들의 정확성과 명시성에 대한 것이다. 사물은 똑같은 방식으로 변하지 않으며 환경이 계속 바뀌기 때문에, 시간 체계를 정확히 반복되는 점의 순환(60초, 60분, 24시간, 7일, 12월, 10년, 100년)으로 표현하지 않는 언어도 있다. 이런 언어에서는 기존 체계에 의존하는 약속이나 합의된 시간이 무의미해질 수 있다. 이것은 우리가 시간에 대해 말하는 방식과 크게 다르다. 정확도와 명시성은 우리가 생각하는 방식의 토대이다. 만날 약속을 할 때 우리는 반드시 언제 만날지 말해야 하고, 모임을 열 때는 그 모임이 언제 시작하는지 알려야 한다. 그러나 정확한 시간을 명기하지 않는 일은 세계의 많은 지역에서 아주 흔하다. 에드워드 T. 홀(Edward T. Hall)은 『침묵의 언어 *The Silent Language*』에서 여러 가지 예를 보고했다. 아프가니스탄에서 있었던 일을 보자.

몇 년 전에 카불에서 한 남자가 나타나서 자기 형을 찾아 다녔다. 그는 시장에 있는 모든 장사치들에게 형을 보았는지 일일이 물어 보았고, 형이 와서 자기를 찾을 것에 대비해서 자기가 묵는 곳을 알려 주었다. 이듬해에도 그는 다시 와서 같은 일을 되풀이했다. 미국 대사관 직원 한 사람이 이 소식을 듣고 그에게 형을 찾았는지 물어 보았다. 이 사람은 그와 형과 카불에서 만나기로 했지만, 어느 해에 만날지는 말하지 않았다는 것이다.

또 다른 예를 보자. 우리는 동시에 둘 이상의 모임을 잡으면 모욕을 하거나 멍청한 것으로 생각한다. 내가 만약 당신에게 '내일 오후 2시 30분에 만나서 논문에 대해 토론하자'고 말한 다음에 또 누군가에게 당신이 듣는 자리에서 '내일 오후 2시 30분에 만나서 재정에 대해 이야기하자'고 말한다면 당신은 모욕을 당했다고 느낄 것이다. 당신은 이렇게 말할 것이다. '하지만 그 시간에는 이미 나를 만나기로 했잖아요.' '한 번에 한 사람을 만나기' 규칙을 항상 어기는 사람이 있다면 그 사람은 비효율적인 사람으로 낙인찍힐 것이다. 그러나 세계의 많은 지역에서는 그렇지 않다. 예를 들어 라틴 아메리카의 어떤 지역에서는 동시에 여러 가지 다른 일들이 진행되는 것이 흔하다. 다시 에드워드 홀을 보자.

스페인의 문화 유산을 물려받은 나의 오랜 친구 한 사람은 '라티노' 체계로 사업을 이끌어간다. 이것은 그의 사무실에 각각 다른 손님이 열다섯 명씩이나 한꺼번에 와 있기도 한다는 뜻이다. 어떤 경우에는 15분만에 끝날 일이 하루종일 걸리기도 한다…… 시간을 딱딱 나눠서 일정을 짜야한다는 미국식 개념은 우호적이고 혼란스러워 보이는 라틴 체계와 어울리지 않는다. 그러나 내 친구가 미국 방식에 매달린다면 많은 재산을 날리게 될 것이다. 사업 때문에 그에게 오는 손님들은 온 김에 다른 손님들도 만나서 뭔가를 얻으려고 한다. 열에서 열다섯 명의 스페인 계 미국인과 인디언들이 사무실에 둘러앉아…… 의사소통의 그물망에서 저마다 특별한 역할을 하고 있었다.

시간을 정확하게 표현하지 않는 것은 영어의 방식이 아니지만, 구어적 표현에는 비슷한 예가 있다. '몇 년은 걸리겠다'고 할 때 문자 그대로 몇 년이 걸린다는 뜻은 아니며, '한동안 집에 있을 것이다'에서 한동안은 사람마다 다른 의미를 지닌다. 언어는 어느 정도 모호성을 허용한다. 하지만 이런 것들이 영어 체계에서 주류는 아니다.

문화의 차이는 언어의 시간 표현에 깊이 스며들어 있다. 구이 벨라미(Guy Bellamy)가 『코미디 호텔』(1992)에서 말했듯이.

프랑스의 5분은 스페인의 5분보다 10분이 짧지만, 영국의 5분(대개 10분쯤 된다)보다 조금 길다.

더 급진적인 경우도 있어서, 과거·현재·미래의 개념이 더 심오한 방식으로 교류한다. 오스트레일리아 원주민의 창조의 시간은 아주 먼 과거이지만 여전히 살아 있어서 지금 사람들도 거기에 닿을 수 있다. 그리고 오스트레일리아 원주민 언어의 시간 표현 방식은 서구와 크게 다르다. 어떤 언어는 '오늘'과 '내일'이 같은 단어로 표현된다. 예를 들어, 느기얌파(Ngiyampaa) 어에서 캄피라(kampirra)는 '기준 시간에서 앞뒤에 있는 하루'를 뜻한다. 동부 아레른테(Arrernte) 어에도 똑같은 단어가 있어서, 아프므웨르케(apmwerrke)는 '어제, 며칠 전, 지난 며칠'을 가리킨다. 윅-멍칸(Wik-Mungkan) 어에서는 피탄(peetan)이라는 단어를 비슷하게 사용한다.

우리가 살고 있는 시간 표현

어떤 언어가 어제와 내일을 구별하지 않는 것을 보면 사람들은 이상하게 생각한다. 이런 문화에서는 시간 개념이 발달할 수 없다고 그들은 말한다. 그러나 이러한 진화적인 사고 방식은 잘못이다. 우리는 워프의 시간 함정(『케임브리지 언어 백과사전』,

1997, 15장 참조)에 빠져서는 안된다. 이런 언어를 쓰는 사람들이 시간 경과에 대한 감각이 없는 것이 아니며, 시간이 그들에게 중요하지 않은 것도 아니다. 그들의 언어는 그들이 살아가면서 가장 중요하다고 생각되는 시간의 측면을 나타낼 뿐이다. 그들의 삶에서 어제와 그저께의 구별이 중요하지 않다면, 거기에 맞는 단어나 어미가 필요하지 않다. 별도의 단어가 없다고 해도, 다른 방식으로 그 차이를 영특하게 표현할 수 있다.

영어도 마찬가지이다. 영어를 사용하는 사람들에게 '어제', '오늘', '내일'은 중요하며, 또 모레(the day after tomorrow)와 그저께(the day before yesterday)와 같은 표준적인 말도 있다. 그러나 영어에는 달의 여러 부분을 구분하는 말이 없다. 영어에서 한 달의 첫째 주, 둘째 주 등은 그리 중요하지 않다. 한 달이 몇 주일로 깔끔하게 나눠지지도 않는다. 월별로 길이도 제멋대로여서 노래를 만들어서 외어야 할 정도이다. 엄격하게 음력을 중심으로 활동이 이루어지는 문화에서는 이것들을 말하는 적절한 단어가 개발되었다. 어떤 문화에서 특정한 시간이 중요하면 어휘나 문법이 그런 것들을 반영한다. 오스트레일리아 원주민 언어인 메리얌 미르(Meryam Mir)에는 코키 커커지(koki kerkege)라는 표현이 있는데, 이것은 '북서풍이 부는 시간 한가운데'라는 뜻이다 (즉 계절풍이 불 때). 영국에서는 이런 표현이 별 가치가 없다. '북풍의 계절'에 대한 관습적인 표현에 무엇이 있겠는가?

시간에 관련된 어휘를 살펴보면 그 문화에서 어떤 시간 영역이 중요하지 않은지 알 수 있다. 오늘을 기준으로 아주 멀리 있는 날은 우리에게 별로 중요하지 않다. 그래서 그런 시간에 대한 표준적인 어휘가 없고, 모호성이 증가한다. 예를 들어 한 주일의 기준은 모호하다. '한 주일 전'은 정확히 언제라고 말하기 어렵다. 오늘이 금요일이라고 하고, 어떤 일이 한 주일 전에 일어났다고 내가 당신에게 말한다고 하자. 이것은 '지난 금요일'을 뜻할까? 지난 목요일에 일어난 일은 한 주일 전에 일어난 일이 아닐까? 얼마나 뒤로 가야 '두 주일 전'이라고 말할 수 있을까? 그 일이 지난 토요일에 있었다면 이것도 한 주일 전이라고 말할 수 있을까? 또는 내가 '지난 목요일'이라고 말했는데 당신이 그것을 한 주일 전의 의미로 받아들였을 수 있다. 그러나 엄밀하게 말하면 지난 목요일은 어제이다. 정확하게 하려면 지난주 목요일이라고 해야 한다. '다음'이라는 말에도 같은 문제가 있다. 월요일에 전화해서 '다음 금요일에 만나자'고 했다면 아무 문제가 없다. 그러나 '다음 화요일에 보자'고 말한다면, 이것은 한 주일과 하루 뒤를 뜻하는 것이어야 한다. 그렇다면 경계선은 언제인가? 그것은 불명확하다. '다음 수요일에 만나자'고 하는 것은 모호하며, 약속의 정확한 날짜를 점검하는 것이 더 좋다.

　반대로 한 언어에서 자주 쓰이는 용어와 말투도 그 문화의 사고 방식을 보여준다. 시간에 대해 우리가 주로 쓰는 은유를 살펴보면 참으로 흥미롭다. 영어에서 시간이라는 명사와 함께 어떤 동사가 흔히 사용되는가? 이것들은 가치있는 은유이다. 우리는 시간을 가지고, 시간을 찾아내며, 시간을 (어떤 일에) 허락하고, 시간을 빼앗고, 시간을 주며, 시간을 고정시키고, 시간을 낭비하고, 시간을 잃고, 시간을 얻고, 시간을 사고, 시간에 가치를 매기고, 시간을 벌충하며, 시간을 지연시킨다. 속도와 측정에 대한 은유도 있다. 시간이 경과하고, 시간을 흘려 보내며, 시간이 날아가고, 시간이 달려가고, 시간을 질질 끌고, 시간이 (무겁게) 매달리며, 시간이 정지하기도 한다. 또 우리는 시간에 표시를 하고, 시간을 지킨다. 생성과 죽음에 대한 은유도 있다. 우리는 시간을 만들어낸다. 시간에는 치유력이 있다. 게다가 시간을 좋아하지 않는다면, 시간을 죽일 수도 있다(허버트 스펜서Herbert Spencer가 한때 말했듯이, 시간이 우리를 죽이기 전까지는).

온갖 은유를 동원해서 시간에 대해 말할 수 있다. 예를 들어 놀이에 대한 은유가 있다. 우리는 시간과 함께 놀 수 있고, 시간과 함께 스포츠를 할 수도 있다(산스크리트어처럼). 시간과 함께 구조물을 만들 수 있어서, 시간을 건설하거나 파괴할 수 있다(남슬라브 언어에서처럼). 시간에 미적 표현을 줄 수도 있다. 시간이 반짝이거나 멋있어 보일 수 있고, 깨끗하거나 지저분할 수 있다. 시간은 물리적이거나 생물의 속성을 가질 수 있다(축축하거나 건조한 시간, 여성이나 남성의 시간). 시간은 감각적일 수도 있다. 시간은 청각적일 수 있으며(시간의 소리를 듣는다), 시각적이거나(시간의 색깔이나 모양을 본다), 촉각적이거나(시간의 질을 느낀다), 후각적이거나(시간의 냄새를 맡는다), 미각적일 수도 있고(시간의 맛을 본다), 정신감응적(시간을 지각한다)일 수도 있다. 시간 표현의 비교숙어학(comparative idiomatology)은 존재하지 않는다. 불행하게도 어떤 것에 대해서도 비교숙어학은 존재하지 않는다.

문학의 차원

청각에 관련된 동사는 시간에 대해 쓸 수 없다고 생각하는 독자도 있을 것이다. 하지만 딜런 토머스(Dylan Thomas)의 『밀크 나무 아래에서 *Under Milk Wood*』의 첫머리를 보면 그렇지도 않다.

시간이 흐른다. 들어보라. 시간이 흐른다.

여기에서 청각 동사가 시간과 연결되어 있다. 이 구절에서 저자는 바로 이것을 창조하려 한 것이다. 저자는 문법을 파괴하는 사람이다. 그러나 먼저 문법이 있어야 그것을 파괴할 수도 있다. 로버트 그레이브스가 말했듯이, '시인은 문법을 꺾거나 부수기 전에 그것을 완전히 익혀야 한다.' 사람들은 시간 표현을 가지고 놀기를 좋아한다. 언어 자료를 살펴보면 사람들이 서구적 사고방식을 깨고 다른 문화의 사고방식과 교류하는 방식을 볼 수 있다. T.S 엘리엇은 「타버린 노튼가 Burnt Norton」에서 오스트레일리아의 시간 개념으로 말했다.

　　현재의 시간과 과거의 시간은
　　모두 미래에 존재할 것이다
　　그리고 미래의 시간은 과거의 시간에 담겨 있다.

　테네시 윌리엄스(Tennessee Williams)는 『유리 동물원 *The Glass Menagerise*』에서 아메리카 원주민의 사고 방식을 연관시켜서 이렇게 말했다. '시간은 두 장소들 중에서 가장 먼 거리이다.'
　셰익스피어는 시간에 대한 대안적인 개념을 보여주었다. 물론 그의 희곡에는 시간을 소비하고, 시간을 잃고, 시간을 낭비하는 등 일상적인 연결이 많이 나온다. 그러나 셰익스피어는 자신의 작품 중 1000 군데에서 '시간'에 대해 지극히 넓고, 행동적이며, 정신적인 은유를 사용했다. 그 중 많은 것들에서 다른 문화에서 나타나는 시간의 의인화를 보여준다. 『베로나의 두 신사 *Two Gentlemen of Verona*』에서 공작은 이렇게 말한다. '약간의 시간이 그녀의 상념 속으로 사라졌다.' 다른 희곡에서는 시간의 매듭이 풀리고, 시간이 재생되고, 재현되며, 시간이 씨를 뿌리며, 축복하고, 음모를 꾸미고, 소동을 벌이고, 사건을 잉태하며, 흐느끼고, 초대하고, 펼쳐지고, 집행하고, 종료되는 등 다양한 일을 한다. 또한 사람들은 시간을 훨씬 더 혁신적인 방법으로 사용한다. 그들은 시간을 속이고, 만회하고, 학대하고, 무찌르고, 맞이하고,

이름을 붙이고, 복종하고, 모욕하고, 무게를 달고, 뛰어넘는다. 『뜻대로 하세요As You Like It』에서 연인인 로잘린드와 올란도는 시간의 표준적인 개념을 뛰어넘는다. 변장을 하고 있는 로잘린드는 올란도를 알아보지만, 올란도는 그녀를 알아보지 못한다. 그녀는 악의를 가지고 그를 말싸움으로 이끈다.

로잘린드: 지금 몇 시죠?

올란도: 지금 며칠이냐고 묻는 게 좋겠군요. 숲에는 시계가 없으니까요.

로잘린드: 그렇다면 숲에는 진정한 연인이 없겠군요. 그렇지 않다면 1분마다 한숨 소리와 한 시간마다 신음 소리가 시계 소리 말고도 시간의 게으른 발걸음에 잡힐 텐데요.

올란도: 그런데 왜 시간의 재빠른 발걸음이 아니죠? 그것이 적절한가요?

로잘린드: 절대로 그렇지 않아요. 시간은 사람마다 다르게 가지요. 누구의 시간이 한가롭게 가는지, 누구의 시간이 빠른 걸음으로 가는지, 누구의 시간이 뛰어가는지, 누구의 시간이 서 있는지 알려 드릴께요.

올란도: 누구의 시간이 빠른 걸음으로 가는지 알려 주시겠습니까?

로잘린드: 젊은 여인과 약혼을 해서 결혼을 앞둔 사람이죠. 그 사이가 일주일이면 마치 7년으로 느껴질 만큼 시간의 보조가

빨라요.

올란도: 누구의 시간이 한가롭게 가나요?

로잘린드: 라틴어를 모르는 사제와, 통풍을 앓지 않는 부자지요. 앞의 사람은 공부를 할 수 없으니 쉽게 잠들고, 뒤의 사람은 고통이 없으니 즐겁게 살아요. 앞의 사람은 쓸데없이 구부리고 앉아 공부할 필요가 없고, 뒤의 사람은 지루하게 학자인 체해야 할 필요가 없어요. 이 사람들의 시간은 한가로이 거닐죠.

올란도: 누구의 시간이 뛰어가나요?

로잘린드: 교수대에 올라간 도둑이지요. 그는 발을 최대한 부드럽게 딛지만, 너무 빨리 거기에 있게 되었다고 생각하지요.

올란도: 누구의 시간이 서 있나요?

로잘린드: 휴가 중의 법관들이지요. 그들은 개정 기간과 개정 기간 사이에 잠을 자면서, 시간이 어떻게 지나가는지 알지 못해요.

말싸움에 진 올란도는 다른 주제로 넘어간다. 시간의 상대성에 관한 이 오래된 예는 아인슈타인의 통찰을 300년 이상 앞선 것이다. 여기에서 시간은 상대적이고 역동적이며 영향에 민감한 살아있는 힘이다. 이러한 시간은 동사 형태, 어휘, 숙어, 시각적 표현 등으로 묘사된다. F. 데이비드 피트(F. David Peat)처럼 유명한 물리학자는 『블랙풋 물리학 *Blackfoot Physics*』에서 실제로 양자물리학과 북미 원주민의 사고 방식을 비교하기도 했다.

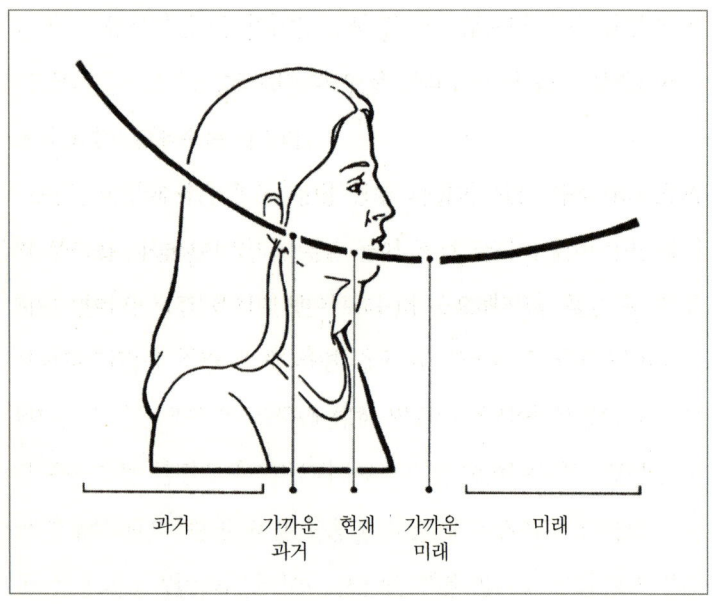

과거　가까운　현재　가까운　미래
　　　　과거　　　미래

그림 5 ● 개념 기반의 수화, 영국 수화에서 수화자의 귀와 뺨 근처에 있는 수직 평면이 시간 관계를 표현하는 데 사용된다.

　나는 영어와 다른 언어들이 시간에 대해 어떻게 말하는지에 대해 겨우 설명을 시작했을 뿐이며, 수많은 영역들이 조사를 기다리고 있다. 예를 들어, 청각 장애자들의 수화는 어떻게 시간을 어떻게 표현할까? 개념 기반의 수화인 영국 수화에서는 대개 수화자의 귀와 뺨 근처에 있는 수직 평면을 시간 관계의 표현에 사용한다(그림 5). 이것은 단순한 1차원의 문제로 볼 수 있고, 과거와 미래의 멀고 가까운 시간만 나타낸다고 할 수 있다. 그렇지만 그림이 1차원으로 보인다고 해서 속아서는 안된다. 머리에는 양쪽이 있고, 두 손을 사용할 수 있으며, 게다가 머리의 움직임과 표정까지 보태면 말이나 글로 표현할 수 없는 것도 수화로 표현할 수 있다. 여러 개의 시간 기준점을 동시에 표현할 수 있는 것이다. 나는 어떤 여자가 두 사람에게 수화로 말하는 것을 보았다. 그 둘을 A와 B라고 하자. 그들은 같은 책을 읽었고, 그녀는 A가 B보다 훨씬 빨리 읽었다는 것을 표현하고 싶어했다. 그녀는 먼저 상체 위쪽의 공간에서 서로 다른 영역에 A와 B를 할당했다. 그 다음에는 한 손으로 A가 가까운 과거에서 읽기 시작해서 가까운 미래까지 가는 것을 보였고, 다른 손으로는 B가 더 먼 과거에서 읽기 시작해서 더 먼 미래까지 읽는 것을 보였다. 두 활동이 동시에 표현된 것이다. 게다가 이러한 비교는 1초도 걸리지 않아서 전달되었다. 확실히 수화는 말이나 글과 다른 방식으로 시간을 다룬다.

나는 문학 작품에서 시간의 표현이 어떻게 달라지는지 다루지 않았다. 아이들이 시간에 대한 표현을 익히는 것도 다루지 못했다. 아이들은 언제부터 시간에 대해 말하기 시작하는가? 또 뇌졸중 등을 겪은 다음에 사람들이 시간에 대한 표현을 잃어버리는 경우도 다루지 못했다. 그러나 나는 이 주제를 충분히 설명했고, 그 흥미로운 점과 어려운 점에 대해서도 설명했다고 생각한다. 찰스 램(Charles Lamb)은 어떤 편지에서(1810년 1월 2일 T. 매닝에게 보낸 편지) 이렇게 썼다. '시간과 공간보다 더 당혹스러운 것은 없다. 그보다 더 당혹스러운 것은 내가 그것에 대해 전혀 생각해 본 적이 없다는 것이다.' 하지만 우리는 이런 것들에 대해 생각해 보아야 한다. 그냥 재미있을 뿐만 아니라 응용의 가능성도 다양하기 때문이다. 학교에서 언어를 가르치는 일도 응용 범위에 들어간다. 학교는 아직도 영어의 시제에 대해 잘못된 교육을 하고 있다. 무엇보다 우리는 시간 표현을 잘 이해해야 한다. 시간에 대해 적절한 개념들과 그 차이를 이해하지 못하면 의사소통이 잘못되기 때문이다.

사무엘 베케트의 『고도를 기다리며』(1막)에서 블라디미르가 말했듯이, '시간이 지났다.' 에스트라곤은 이렇게 대답한다. '어쨌든 시간은 지나갔을 거야.' '그래.' 블라디미르는 이렇게 대답한다. '하지만 그렇게 빨리 가지는 않았겠지.'

독자들이 이 짧은 시간 언어학 이야기를 읽으면서 시간의 흐름을 너무 의식하지 않았기를 빈다.

· Comrie, B., *Tense*, Cambridge: Cambridge University Press, 1985

· Crystal, D., *The Cambridge Encyclopedia of Language*, Cambridge: Cambridge University Press, 2nd edition, 1997.

· Hall, E. T., *The Silent Language*, Greenwich, CT: Fawcett, 1959.

· Pallmer, F. R., *The English Verb*, London: Longman, 1974.

· Peat, F. D., *Blackfoot Physics: A Joltmey into the Native American Universe*, London: Fourth Estate, 1995.

· Quirk, R., Greenbaum, S., Leech, G. and Svartvik, J., *A Comprehensive Grammar of the English Language*, London: Longman, 1985.

· Thieberger, N. and McGregor, W. (eds.), *Macquarie Aboriginal Words*, Sydney Macquarie University, Macquarie Library, 1994

7. 이야기 시간과 그 미래

질리언 비어

이 장의 제목은 어린 시절을 상기시킨다. '이야기 시간'은 집이나 학교에서 이야기를 하고 듣도록 정해진 시간으로, 하루의 바쁜 일상사에서 벗어나 다른 세상의 이야기를 한다. 이 장의 제목이 아이들을 겨냥하는 것처럼 보이는 것은 우연이 아니다. 이야기를 듣는 일은 어릴 적부터 인격의 형성에 깊은 영향을 준다. 이야기를 들으면서 우리는 현실과 환상이 맞닿고 분리되는 것을 배운다. 또한 어린이는 이야기를 들으면서 자기가 어디에서 왔는지 배운다. 이야기는 우리가 살기 전의 일을 말해 주고, 세계가 어떻게 생겨났는지 알려준다. 예를 들어, 실비아 타운센드 워너(Sylvia Townsend Warner)는 그녀의 소설 『진정한 가슴*The True Heart*』(1929)에서 큐피드와 프시케 이야기의 암시와 함께 다음과 같은 헌정사를 썼다.

나에게 처음 이야기를 들려주신 어머니께

이야기 속에서, 그리고 이야기를 들려주면서, 시간은 끝없이 재생된다. 어린 시절에 듣는 이야기 속에는 미래에 대한 경고와 약속이 들어있다. 하지만 이야기 속의 인물들은 그럴듯해 보이지 않는다. 늑대로 변하는 할머니가 나오고, 엄마로 변하는 늑대가 나오고, 특별한 능력을 가진 유리 구두가 나온다.

그러나 이야기 시간이라는 말은 겸손을 가장하는 듯하고, 시시해 보이기도 한다. 이야기에 나오는 시간은 특권적이기도 하고 방어적이기도 하다. 이야기의 배경은 보통과 다르고, 일상 생활을 배경으로 할 때는 대개 교훈이 들어 있다. 그것들은 보호 구역에서 탈출한 도망자들이다. 이렇듯 이야기는 분리된 장소와 특별한 시간을 배경으로 진행된다. 제임스 조이스는 『젊은 예술가의 초상』의 첫머리에서 이런 점을 잘 보여준다. 들려주는 이야기에 대해 성인 독자들도 아이들처럼 새롭게 받아들인다. 이야기를 하는 이와 듣는 이 사이에는 보통의 소설에서는 볼 수 없는 특별한 관계가 성립한다. 여기에서 이야기는 어른이 유아의 말을 흉내내는 특별한 어투로 진행된다.

　　옛날 아주 옛날 좋은 날에 무코우가 길을 걷고 있었는데 이 무코우는 터코우라는 아기를 만났어요……
　　무코우의 아버지가 무코우에게 이야기를 들려 주었어요. 아버지는 유리를 통해 무코우를 보았지요. 아버지는 얼굴에 털이 많이 나 있었어요.

아이들의 회상은 명료하고 확정적이며, 이야기 속의 아버지는 유아처럼 된 어른이다.
　나는 여기에서 미래에 대해 두 가지 얽힌 이야기를 하겠다. 독자의 미래는 픽션의 활동 속에서 태어나고, 자리가 잡히고, 자라난다. 옥스퍼드 영어 사전에서 미래 완료는 다음과 같이 표현된다. '어떤 사건이나 행동을 주어진 미래와의 관계에서 과거로 표현하는 것.' 독자들이 미래를 읽을 때는 제시된 것보다 더 많은 것이 허용되고, 더 복합적임을 보게 될 것이다. 허구 속에서 우리가 미래를 어떻게 경험하는지 생각해보면 소설과 이야기에는 더 많은 차이가 있음을 알 수 있다.

최근에 낭독이 다시 인기를 얻고 있다. 선술집과 예술 센터에서 낭독회와 구술회가 자주 열리고, 낭독과 구술은 격식을 갖추고 박자에 맞춰 진행된다. 유럽과 여러 지역에서 작가들 사이에는 낭독이 새롭게 빛나고 있다. 20년 전에는 서사학(narratology)이 학계에 유행했다. 최근에는 존 닐스(John Niles)가 뛰어난 연구서인 『호모 나랜스 *Homo Narrans*』(1999)를 써서 옛날에는 이야기가 지배했지만 요즘은 글의 형태로만 전달되고 이야기가 말로 전달되지 않는다는 점을 강조했다. 서사학에서는 먼 과거에서 온 계보학보다는 허구 속에 든 시간과 시제의 연구가 강조된다. 제러드 제넷(Gerard Genette) 같은 사람의 비평은 시제가 어떻게 우리의 독서 운명을 좌우하는지 미묘하고도 명쾌하게 밝혔으며, 허구 속에서 사건의 시간과 설명의 시간이 어떻게 서로 얽혀서 긴장을 일으키는지 밝혔다. 그러나 서사학(이것은 결국 서사 [narrative]를 연구한다는 단순한 뜻이다)의 용어들을 지나치게 확대하는 경향에 반대해서 이야기하기(storytelling, tale)와 같은 구체적인 용어를 사용하자는 주장도 있다. 이 논쟁은 새롭지 않다 (그림 1).

이야기를 어떻게 시작할까? 시간을 어떻게 출발시킬까? 미래

늦은 밤 공부방에서

미니: 재미난 이야기(tale)를 읽고 있어요.
교사: 이야기라고 하면 안돼, 미니. 서사(narrative)라고 말해!
미니: 알았어요. 선생님. 그런데 머프 좀 봐요. 서사(narrative)를 막 흔들고 있
어요!

그림 1● 서사인가, 이야기인가? 『펀치』에 실린 19세기 중엽의 만화

를 어떻게 펼쳐갈까? 옛날 이야기 속의 미래는 과거의 시간이지
만, 우리는 지금 그 시간을 살아내며, 이야기에서 확인될 것보다
더 많은 것을 미리 상상한다. 북아일랜드의 작가 겸 시인 키아란
카슨(Ciaran Carson)은 『호박(琥珀) 낚시 *Fishing for Amber* 』
(1999)를 이렇게 시작했다.

옛날, 아주 먼 옛날이었다. 내가 거기에 있었다면, 나는 지금

여기에 없을 것이다. 내가 여기에 있다면, 그때가 지금이고, 나는 늙은 이야기꾼이다. 이 이야기꾼이 자기 이야기를 기억할 수만 있다면, 그가 하는 이야기는 시간에 따라 점점 더 나아질 수도 있었다.

읽는(듣는) 사람은 멀고 가까움과 그때와 지금의 감각을 어지럽히는 주문에 걸려든다. 먼저 이야기꾼은 자신을 이야기 시간에서 떼어낸다(내가 거기에 있었다면, 나는 지금 여기에 없을 것이다). 그는 죽은지 아주 오래 되었다. 또는 그가 거기에 있었다면 이야기 속의 사건들과 함께 죽었을 거라는 암시도 있는가? 많은 이야기들은 그 내용상 화자가 이야기 속에서 활동한 뒤에 '살아서 이야기하기'는 불가능하다. 따라서 이야기에서는 3인칭과 과거 시제가 필수적이다. 그러나, 그때가 지금이어도(내가 여기에 있다면, 그때가 지금이고, 나는 늙은 이야기꾼이었고) 어쨌든 그는 늙은 이야기꾼이었다. 이야기에서 '그때'는 듣는 사람 또는 읽는 사람에게 '지금'이 된다. 이야기는 남고, 이야기꾼은 나이가 든다. 이야기는 서사의 시간에 살고, 이야기꾼은 자연의 시간, 몸의 시간에 살아간다. 이야기는 이야기꾼의 기억이 희미해지면서 늙어간다. 그러다가 이야기는 사라진다. 하지만 그때도 이야기는 이야기꾼에게서만 사라진다. 이야기꾼은 그 이야기를 여러 번 했고, 많은 사람들이 이야기를 들었다. 이야기는 살아남아 새로운 이야기로 바뀌고, 배경도 새로워진다. 하지만 언제나 현재에 받아들여지며, 듣는 사람의 귀나 읽는 사람의 눈을 통해 내면으로 받아들여진다. 위의 이야기를 하는 사람은 자기가 아직 늙지 않았다고 주장한다.

이야기는 이렇게 계속된다.

이야기에는 세 가지 좋은 점이 있다. 이야기를 하면, 누군가가 듣는다. 들으면, 이야기를 받아들인다. 받아들인 사람은 다른 사람에게 또 이야기를 들려준다. 이야기에는 세 가지 적이 있다. 그것은 끝없는 이야기, 수다, 모루를 때리는 망치 소리이다. 나는 아버지와 같은 방식으로 이야기를 시작하기를 바랐다. 아버지는 아일랜드어로 이야기하면서 처음부터 듣는 사람의 귀를 솔깃하게 했다.

따라서 그의 아버지는 다른 언어로 이야기했고, 작가가 지금 사용하는 언어를 쓰지 않았다(물론 작가의 이야기에는 이 언어의 영향이 녹아있다). 시간과 이야기하기는 이미 두 번이나 엇갈렸다. 이것은 이야기하기의 전형적인 모순이다. 이야기를 시작하는 것은 지금 여기를 교란하는 것이다. 이것은 아직 알려지지 않은 경험을 유발한다. 하지만 이것은 이야기 속에서 이미 일어난 경험이다. 이런 불안정성을 어떻게 알려주고, 어떻게 안정시키는가 하는 것은 이야기꾼의 요령이다. 여기에는 주문이 동원되기도 한다. (카슨Carson은 켈트어에서 새로운 경험을 일으키는 말을 영어

로 적절하게 옮길 수 없다고 썼다.) 대개 이야기를 시작할 때 '옛
날 옛날 한 옛날에' 처럼 늘 쓰는 말이 있다. 나디나 크리스토폴로
우라(Nadina Christopoulou)는 사람은 집시의 이야기는 방랑하는
집시의 특성을 반영한다고 알려주었다. 이야기를 시작할 때 쓰는
말은 '어떤 길에서' 이거나 존재와 부재가 뒤섞인 표현인 '거기에
있었고, 거기에 없었다' 이며, 끝날 때 쓰는 표현은 '거기에 내가
있었고, 여기에 내가 왔다' 이다.

이런 것들은 모두 이야기에 대해 한 가지 본질적인 면을 강조
한다. 이야기는 지금 여기에 실제의 일과 함께 벌어질 수 없다는
것이다. 눈앞에 있는 현실은 격심하게 요동친다. 현실은 감각으
로 주어지는 것들이 너무나 풍부해서 당장 서사에 쓸 수가 없다.
토머스 하디가 『일기』(1897년 1월 27일)에 다음과 같이 썼듯이.

오늘에는 길이가 있고, 폭이 있고, 두께가 있으며, 색깔, 냄
새, 소리가 있다. 이것은 어제가 되자마자 수많은 층들 속에서
하나의 얇은 층이 되어서 물질이 없어지고, 색깔과 분명한 소리
도 없어진다.

이야기꾼이나 작가는 지나가 버린 어제의 일을 서사 속에서 되
살려 오늘의 풍부함을 부여하려고 고투한다. 매일 계속되는 오늘
의 풍부함도 지루하기는 마찬가지이다. 이것을 분리하여 또박또
박 서술하면 이야기가 되지만, 충분한 것들이 남아 있고 시간의

그림 2 ● 내가 마르지 않은 시멘트에 들어간 날

보조를 달리 할 수 있어야 한다. 아이들의 이야기를 모은 『너에게 얘기해 줄께 *I'm Telling you !*』(2000)에서 브라이언 클라크가 쓴 '내가 마르지 않은 시멘트에 들어간 날'을 보자(그림 2).

　　내가 여섯 살 때, 스케그니스에 있는 어떤 가게에 갔다. 나는 거기에서 마르지 않은 시멘트에 서 있었는데, 30분쯤 거기에 있었다. 이제 시멘트가 말라서 나는 걱정이 되었다.

가게 점원이 나와서 나를 도와주려고 했다.

하지만 소용이 없었다. 점원 누나는 나를 꺼내주지 못했다.

아빠는 내가 어디에 있는지 찾다가 나를 보았다! 아빠가 좋은 생각을 해냈고, 내 신발을 벗기고 나를 꺼내 주었다.

나는 아빠에게 하루 종일 고마워 했다.

'나는 30분쯤 거기에 있었다!' 설득력이 아주 큰 만큼 터무니없게 느껴지는 이 이야기는 아이의 공포스러운 경험과 생생한 회상을 잘 드러내고 있다. 이야기는 시간의 흐름을 깔끔하게 보여주며, '나는 아빠에게 하루 종일 고마워 했다'는 마지막 문장에는 끝없는 안도감이 실려 있다.

이야기는 어떻게든 시작해야 한다. 회상의 시간도 있어야 하고, 분주한 사건들을 써내려 가야 한다. 진정으로, 일인칭의 특별한 난점은 작가와 행위자가 얽힌다는 것이다. 사무엘 리처드슨(Samuel Richardson)의 『파멜라*Pamela*』에서 출발한 『샤멜라 앤드루스 부인의 인생에 대한 변론*An Apology for the Life of Mrs Shamela Andrews*』(1741)에서 헨리 필딩이 눈부시게 흉내내었듯이, 샤멜라는 있음직하지 않은 상황에서 끝없이 집으로 편지를 한다. 이 글에서 몸과 글쓰기는 절망적으로 꼬인다. 그녀는 주인 스퀘어 부비를 어설프게 피하고 속이면서 계속 쓴다.

목요일 밤, 열두 시

제비스 부인과 내가 침대에 있는데, 문은 잠겨 있지 않았다. 주인님이 들어오신다면 – 오, 맙소사! 주인님이 막 문 쪽으로 오는 소리가 들린다. 독자들은 내가 지금 현재 시제로 쓰고 있다는 것을 알아챘을 것이다. 침대 위에서 파슨 윌리엄스가 우리 두 사람 사이에 있었고, 우리는 둘 다 잠든 척 하고 있다. 그는 손을 내 가슴에 올려놓고, 나는 잠결에 그러는 척 하면서 내 손으로 그의 손을 누르고 있다가, 갑자기 깨어난 척 한다. 나는 그를 발견하고, 제비스 부인에게 외친다. 제비스 부인도 방금 깨어난 척 한다. 제비스 부인도 소리치기 시작하고, 나는 아무 데나 막 할퀴어댄다. 손가락을 꽤 자유롭게 놀려댄 다음에, 내가 어디를 할퀴었는지에는 아랑곳하지 않고, 기절한 척 한다.

1843년에 키에르케고르는 『일기』에 이렇게 썼다.

철학자들이 말하듯이, 인생은 뒤돌아보면서만 이해할 수 있다는 것은 완벽하게 옳다. 하지만 그들은 인생을 앞으로만 살 수 있다는 또 다른 명제를 잊어버린다. 이 명제에 대해 생각하면 인생은 결코 시간 순서로 이해할 수 없음이 점점 더 명백해진다. 그것은 단지 인생을 어떤 고정된 시점에서 뒤돌아볼 수 없기 때문이다.

루이스 캐럴(Lewis Caroll)의 『거울 속으로*Through the Looking Glass*』에서 여왕은 앨리스를 시녀로 부리겠다고 하면서 이렇게 말한다. '내일도 잼, 어제도 잼이 있지만, 오늘은 잼이 없어.' 서사의 지금은 장소가 없고 시간도 없다. 내일도 잼, 어제도 잼이지만, 오늘 잼은 없다. 다른 방식으로 하면, 허구는 현실에 일어나는 일이 아니기 때문에 자유롭게 시간을 바꾸고, 재조립되며, 과거와 미래를 유발한다. 이것은 감정상으로 실제적이고, 독자의 마음에서 잠재성으로 솟아나지만, 지금 당장 외부의 어느 곳에 위치하지는 않는다.

이제까지 나는 이야기하기에서 실마리를 찾았고, 키아란 카슨(Ciaran Carson)을 비롯한 많은 작가들이 한 것과 같은 술수를 부렸다. 그러나 듣는 것과 읽는 것은 아주 다른 경험이다. 발터 벤야민은 유명한 에세이 '이야기꾼'에서 이야기꾼이 방에서 청중과 함께 있는 모습을 되살리면서 짙은 향수에 젖어 소설에 반대했다(여기에서 말하는 소설은 아마 1920년대와 1930년대의 서사적 구성을 배척하는 모더니스트 소설일 것이다). 벤야민은 구술자가 들려주는 이야기의 온기를 함께 하는 공동체를 강조했다. 여기에서 현재 시간은 특별한 가치를 지닌다. 최소한 두 사람이고 대개 더 많은 사람들이 그 순간에 한 덩어리가 되어 먼 과거에서 끌려나온 이야기를 통해 관계를 맺는다. 이야기꾼의 과거 시제는 사람들의 현재 시제에 삽입되어, 지금 여기에서 듣는 사람들과 같은 공간에서 현재 시제가 된다. 이야기는 음성을 통해 살아나서 실제의 시간 속에 놓이고, 그 사건의 장소도 실제의 시간 속에 펼쳐진다.

벤야민은 쓰어진 글에서는 이야기로 만들어지는 공동체가 무의미하며, 심지어 쓰어진 글은 이러한 공동체를 추방한다고 말했다. 그의 에세이는 비가(悲歌)와 같아서 죽어가는 사회 형태를 되돌아보고 있다. 구술의 친밀함은 삶에서 특별한 종류의 가까움을 끌어낸다. 이것은 부족한 물자로 살아가는 좁은 공간을 연상시키고 체온을 느끼게 한다. 이야기하는 사람과 듣는 사람이 있다는 것은 생존과 관계가 있고, 나쁜 운에 대처하여 함께 살아간다는 것이다. 벤야민의 에세이에 나타나는 영웅적인 음조는 논증에 직접적으로 나타나지는 않는다. 벤야민은 글로 쓴 픽션을 미심쩍게 보았고, 함께하는 공간의 온기와 차가움을 무시하는 부르주아적인 것으로 보았다. 독자는 혼자서 조용히 읽는다.

들려주는 이야기에서 소설로 가면 독자의 시간과 공간은 완전히 바뀌며, 저자와 독자 사이의 시간적 관계도 바뀐다는 것은 진정으로 사실이다. 이제 말을 아는 사람이면 누구나 미래의 어떤 시점에 있더라도 독자가 될 수 있다. 말하는 몸은 필요하지 않고, 사회적 환경의 공유도 필요치 않다. 작가의 입장에서 잠재적 독자의 익명성은 진정으로 엄청난 자유이다. 게다가 독자 쪽에서도 이야기꾼의 마법적인 구속에서 벗어난다는 것뿐만 아니라 더 많은 장점이 있다.

이제 독자들은 마음대로 다중적인 시간에 살 수 있다. 이야기꾼은 목소리를 낮추거나 높여 독자들의 반응을 조작하거나, 방에 있는 물건과 연관시키거나, 현재의 사건들과 연관지을 수 없다. 공동체의 닫힌 분위기는 흩어진다. 씌어진 글의 신선한 공기는 독자들에게 훨씬 큰 제어력을 준다. 우선 읽는 타이밍을 마음대로 할 수 있다. 독자는 마음대로 책을 들었다가 놓을 수 있어서 받아들이는 시간을 늘릴 수도 있고, 이야기 속의 사건을 읽는 동안 겪는 매일의 상황들과 연결해서 생각할 수 있고, 뒤로 넘어가서 무슨 일이 일어날지 먼저 알아볼 수도 있고, 심지어 마지막 페이지를 먼저 읽는 금지된 기쁨도 맛볼 수 있다(결국은 실망으로 이어지지만). 독자는 뒤로 가며 읽을 수도 있고, 앞으로 가며 읽을 수도 있고, 버지니아 울프의 『등대로 *To the Lighthouse*』(1928)에 나오는 램지 부인처럼 책을 지그재그로 이리저리 넘기며 이 줄을 읽다가 저 줄을 읽거나 이 줄기에서 저 줄기로 넘어갈 수도 있다.

이야기꾼은 듣는 사람들에게 전능한 자로 군림한다. 하지만 저자는 미래에 살고 있는 미지의 독자들과 협력해야 한다. 이야기꾼의 힘은 듣는 사람의 현재를 마음대로 주무를 수 있다는 데 있다. 그러나 작가는 미래의 독자들에게 호소해야 한다. 작가는 독자의 생각 속에서 목소리와 몸짓으로 펼쳐질 여러 가지 실마리와 암시를 글에 배치해야 한다. 작가는 사건의 전조를 알리고, 음모에 빠져들게 해서 독자가 여러 인물들에 대해 생각하게 해야 한다. 그러나 작가는 과거에 있기 때문에 독자가 글을 어떻게 읽어낼지는 제어하지 못한다. 독자는 허구를 내다보고, 갈림길마다 여러 가지 가능한 미래를 짐작해본다.

　이야기의 주제는 주로 열정이다. 열정은 성적 욕망, 지식에의 욕망, 황금에 대한 욕망, 지배욕, 생존에 대한 욕망, 새로워지려는 욕망, 잃어버린 것을 되찾으려는 욕망, 근원으로 회귀하려는 욕망 등으로 나타난다. 열정과 욕망은 과거에서 이미지를 가져오지만, 그것은 미래의 형태이다. 독자들은 긴 소설을 읽어나가면서 연인들이 하듯이 하찮은 실마리라도 찾아내려고 이리 저리 뒤진다. 이야기는 밀고 당기면서 결말을 향해 가지만, 작가는 결말을 방해하고 뒤로 미루는(동시에 독자를 만족시키는) 온갖 기발한 장치를 고안한다. 이렇게 질질 끌고 막아서는 사연들이 쌓여서 줄거리를 이룬다. 독자들은 미래를 알고 싶어 하지만, 글 속의 모든 순간에서 이야기가 어떻게 진행될지 이리저리 상상해 보는 것이 바로 읽기의 주된 즐거움이다. 작가는 수많은 가능성들을 펼쳐 놓고, 독자는 사건의 전개와 느낌에 대한 가설을 만든다. 가설은 확인되어도 재미있고 틀려서 실망해도 즐겁다. 이 즐거움은 허구가 미래의 여러 가지 가능성을 계속해서 독자에게 던져주는지에 달려 있다. 흥미롭게도 이야기 속에서 실현되지 않은 미래는 거듭 읽어도 문맥 속에 살아 있어서, 제인 오스틴의 동명 소설에서 엠마의 실수에 가슴 졸이고(물론 독자는 이제 그 일이 일어난다는 것을 알고 있다), 플로베르의 소설에서 엠마 보바리가 시골의 삶에서 낭만적인 허구를 고안하려고 할 때 겪는 오해를 새롭게 체험한다. 거듭 읽어도 여전히 독서의 모든 시점에서 여러 가지 가능한 결말을 내다보고 희망한다.

세르반테스의 『돈키호테』(1605, 그리고 1615) 이후로 유럽 소설의 기틀이 된, 사무엘 리처드슨(Samuel Richardson)의 『클라리사 *Clarissa*』(1747)는 독자들의 상상을 클라리사의 강간이라는 피할 수 없는 상황으로 몰고 간다. 계속되는 사건으로 이야기는 지연되고, 러브레이스가 클라리사를 쫓으면서 만들어내는 수많은 치밀한 거짓말과 환상에 감질나고 지친 독자들은 자포자기하여 빨리 비극적인 절정이 오기를 바라게 된다. 이 책은 미래를 위험에 빠뜨리고, 독자는 한 사건이 일어나기를 강박적으로 추구하며, 일어나지 않았으면 하는 일이 일어날 수밖에 없도록 얽혀가는 복잡한 전개에 독자들은 클라리사와 동참한다. 이 방대한 작품은 여러 사람들의 편지에 의한 사건의 묘사를 통해 즉각적인 기억을 재구성하면서도 속도감을 보여준다. 게다가 이런 방식은 독자의 탐욕도 보여준다. 이 작품은 독자들에게 여러 가지 미래를 상상하게 한다(저자가 그렇게 권장한다). 지금 우리는 결말을 미리 알고 있다. 이 소설이 연재되자 독자들은 리처드슨에게 이야기가 너무 잔인하게 전개된다면서 늦기 전에 클라리사를 구해 달라고 애원했다. (예를 들어 브레샤이 부인은 벨포어라는 이름으로 리처드슨에게 다음과 같이 편지를 썼다. '존경하는 선생님. 가능하다면, 끔찍한 형벌을 철회하시고, 얼마든지 가까이 가는 것은 좋지만, 제발 그것만은 막아 주십시오. 존경하는 선생님, 이것은 출판하기에는 너무 야만적이고 충격적입니다. 저는 그걸 생각하지 않기를 빕니다. 그 사악한 하룻밤만 지워 주셔서, 모든 것이 다시 좋아지게 해 주십시오.') 서사에는 여러 가지 탈출구가 있지만 번번이 막혀 버린다. 소설 속에서 다가오는 인생의 종말은 강력하고 고통스러운 효과를 준다. 글이 이미 씌어져 있다는 것을 알면서도, 허구의 힘은 독자의 마음 속에 여러 가지 미래를 그리게 한다. 이러한 시간의 역설은 독서 체험의 기쁨과 슬픔의 핵심이다.

소설은 독자가 읽음으로써 살아난다. 책은 닫힌다. 작품 속의 모든 결과를 실제로 경험하지는 않았지만, 독자는 여전히 책 속에 있다. 이런 의미에서 이야기 시간은 드라마와 마찬가지로 간접 경험을 허용한다. 우리는 일상으로 되돌아간다. 그러나 방금 『클라리사』에 대해 말하면서 제시했듯이, 소설은 결정(미래에 가능한 사건들 중에서 오직 한 가지만이 이야기에서 일어난다)과 결말을 우리에게 가르친다. 어떤 가능성은 실현되지 않는다. 삶은 끝나고, 책도 끝난다. 과잉결정이 글 속에서 배회한다. 다중의 시간이 불가피하게 결합한다.

『클라리사』와 마찬가지로 카프카도 이런 점을 보여준다. 그의 '작은 우화'는 동화처럼 읽힌다. '세 마리 눈먼 생쥐'보다 더 끔찍한 이 이야기의 결말은 어느 정도는 더 많은 시간대와 시제를 사용하기 때문이다.

'아', 생쥐가 말했다. '세계는 매일 줄어들고 있어. 처음에는 세계가 엄청나게 커서 나는 두려웠지, 나는 달리고 또 달렸고, 마침내 왼쪽과 오른쪽 멀리에서 벽을 보았을 때 참 기뻤어, 하지만 이 긴 벽은 너무나 빨리 좁아져서 나는 이미 마지막 방에 있고, 저 구석에는 내가 뛰어넘어야 할 덫이 있어.' '너는 방향만 바꾸면 돼.' 고양이가 말했고, 생쥐를 잡아먹었다.

이 짧은 글은 삶 전체를 아우른다. 거대한 아이들의 세계는 어른의 좁은 칸막이에 갇히고, 이것은 점점 더 좁아지다가 너무 일찍 끝나 버린다. 두 가지 목소리가 있지만, 대화는 아니다. 수수께끼와도 같은 고양이의 짧은 충고에 생쥐는 대답하지 못한다. 생쥐에게는 한 가지 선택이 있다. 구석과 덫이라는 절망적인 구조이지만 다른 미래가 가능하다. 이탈(그는 이탈하는가? 이것은 논의의 여지가 있다)은 즉각적인 죽음을 부른다. 독자를 향해 덫이 튀어 나온다. 이 모든 이야기들이 과거 시제로 서술된다. 쥐가 말한 다음에, 고양이가 말했고, '잡아 먹었다.' 영어에서는 ate it up으로 아이들에게 쓰는 말이지만, 원래의 독어에서는 사람이 먹는다는 essen이 아니라 동물이 먹는다는 fressen을 쓰고 있다. 이것은 우화이다. 이것은 행동을 끝없이 반복한다. 이것은 불가피한 의미를 암시한다. 이것은 자유로운 해석을 권장하지 않는다. 우리는 아무 회상도 허용하지 않는 시간을 통해 공포로 회상되는 유아기에서 이동한다. 생쥐는 죽었다. 여기에는 재치있는 응답이 없다. 영어판에서는 구두점으로 흐름을 잠시 끊어서 결말을 강조한다(쉼표, '그리고 잡아먹었다.'). 독어판에서는 속도감과 매끄럽게 이어지는 결말을 강조한다. 말과 행동이 죽 이어지는 간결한 결말은 고양이의 민첩한 움직임을 흉내낸다. 이렇게 짤막한 글에서도 시간 표현은 언어에 따라 미묘하게 달라지고, 구두점 하나에도 영향을 받는다. 이런 것들은 잘 드러나지 않지만 의미에서 결정적인 요소이다.

소설(novel)은 새로움(novelty)을 선사한다. 독자는 생쥐가 되어 구석에 갇히고 생쥐의 공포를 함께 느끼는가? 아니면 이것은 가장 감동적인 유령 이야기인 제인 오스틴의 『설득Persuasion』에서 지나간 사랑과 지나간 아름다움과 지나간 젊음이 거의 불가능하게 되돌아오고 유령이 된 웬트워스 대위가 온갖 가능한 미래를 보여주어 독자들이 소설의 마지막 페이지에서 앤 엘리엇과 함께 있도록 만드는 것처럼, 다중의 미래를 한껏 선사하는가?.

에드워드 사이드는 『시작Beginnings』(1977)에서 시작은 계속하려는 의지를 가진다고 말했다. 동화는 대개 처음에 입맛을 돋구는 부분이 있어서, 다가올 시간의 약속을 보여준다.

제커너리에 대해 이야기해 줄께.

이제 이야기가 시작된다.

그의 형제에 대한 또다른 이야기도 해 줄께.

이제 이야기가 끝났다.

이것은 빈 상자와 같은 형식이다. 시작은 단숨에 끝이 된다. 더 위협적인 형식은 이렇게 시작된다.

컴컴하고 폭풍우 치는 밤에 대위는 이렇게 말했다. '이야기 좀 해 줘.'
컴컴하고 폭풍우 치는 밤에……

끝없이 되돌아오는 이야기에 듣는 사람들은 참을 수 없게 된다. 이 유아적인 두 이야기 형태는 계속 진행하려는 욕망에서 흥취를 얻는다. 듣는 사람 또는 독자는 미래에 대한 욕망을 방해받는다. 서사는 자기 꼬리를 물고 돌아가며 스스로 만족하지만 독자는 만족하지 못한다. 계속 시작만 있는 방식은 이탈로 칼비노(Italo Calvino)의 소설『만약 겨울밤에 나그네가If on a Winter's night a Traveller』(1980)에서 절정을 이룬다. 이 작품은 이야기하기와 소설 쓰기의 본질을 넘나든다. 저자는 바로 지금 독자 옆에 있는 것처럼 말한다(쓴다). 저자는 미래에 있는 독자들의 자유로운 익명성을 깨기 위해 2인칭을 써서, 독자에게 권위적으로 이런저런 지시를 한다.

여러분은 이제 이탈로 칼비노의 새로운 소설『만약 겨울 밤에 나그네가』를 읽으려 하고 있다. 긴장을 풀고, 집중하라. 다른 모든 생각을 쫓아내라. 당신 주위의 세상을 희미하게 하라.

문은 꼭 닫아두라. 옆방에는 항상 텔레비전이 켜져 있으니까.

괘씸하게도 저자는 자신의 편의대로 독자의 안락함을 염려한다. 한 번 걸려든 독자는 그의 경고에서 빠져나갈 수 없고, 저자에게 완전히 장악된다.

눈이 편안하게 조명을 조절하라. 지금 하지 않으면, 나중에는 독서에 빠져서 조절할 겨를이 없게 된다. 페이지에 그늘이 지지 않도록 하고, 회색 배경에 까만 글자가 선명하게 보이게 해서, 생쥐 떼처럼 균일하게 하라. 빛이 너무 밝지 않도록 조심하라. 잔인할 정도로 종이가 희게 보이면, 남부의 정오처럼 글자의 그림자가 성가실 것이다. 독서를 방해할 지도 모르는 모든 것을 예측해 보라. 당신이 애연가라면, 담배를 손 닿는 곳에 두고 재떨이도 준비하라. 다른 것은 없는가? 소변을 봐야 하는가? 좋다. 당신이 가장 잘 안다.

이 모든 준비는 방해 없이 독서에 열중할 것을 약속한다. 처음에 독자와 자신을 가지런히 한 다음에, 저자는 우리의 호기심을 전적으로 만족시킬 것을 약속하는 듯이 보인다. 그러나 만족은 그에게 달려 있지 않고 다음에 올 이야기에 달려 있다.

당신의 호기심을 불러 일으키는 것은 이 책 자체이다. 사실

가만히 생각해 보면, 당신은 이런 방식을 좋아한다. 아직 무엇인지 모르는 것을 대하는 일 말이다.

약간의 영웅주의가 독자를 우쭐하게 한다. '나는 이런 게 좋아. 아직 무엇인지 잘 모르는 걸 살펴보는 일 말이야.' 독자의 스태미너와 경험은 당연한 것으로 간주된다. 미래가 어떻게 펼쳐질지 기대하고 있는 독자에게 농담이 던져진다. 읽고 추측하는 능력이 시험받고, 웃음거리가 된다. 결국 이야기는 좌절감만 안겨준다. 다른 책의 1장에 나올 것 같은 이야기들이 계속해서 나오고, 각각의 이야기들은 문체도 서로 다르다. 그러면서도 이 이야기들이 함께 어울려 소설에 대한 독서 체험이 된다. 칼비노는 그의 서사를 다른 독자(여기에서는 여성)의 희망 없는 사랑 추구로 감싸는데, 현재의 어떤 독자도 이 여성의 경험을 알 수 없다. 이 이야기가 주는 미래에 대한 (어쩌면 감성적인) 실마리는 끊임없이 되돌아오는 책의 전략을 참을 만하게 만든다. 자꾸 새로운 시작으로 돌아오는 서사의 함정은 고무적이기도 하고 과장이 섞여 있기도 하다. 이것은 열정을 없애고 욕망을 과장한다. 이 작품은 익살맞은 경구로 남아서, 모든 옛날 이야기와 텍스트의 분위기에 대한 교훈으로 우리를 가르치기도 하고, 저녁의 놀이로 우리를 붙들기도 한다.

뻔히 아는 이야기를 다시 보면서도 우리가 어떻게 생존하고 어떻게 죽는지에 대해 심오한 탐구를 할 수 있다. 이런 이야기를 읽으면서 독자는 미래 완료를 살고, 인생을 연습한다. 20세기의 가장 풍부한 소설 두 가지가 그림 형제의 동화에서 똑같은 이야기를 빌려왔다. 소설 속의 동화는 독자들의 과거를 이용한다. 독자는 이 이야기를 미리 알고 있다. 소설의 진행에서는 새로운 것으로 간주되지만, 그 이야기는 이미 우리의 과거에 새겨져 있다. 그러나 소설가는 다 아는 이야기를 신선하고 예견할 수 없는 경험으로 가공한다.

권터 그라스의 소설 『플라운더 *Flounder*』(1977)는 '여성혐오적인 민화인 "어부와 아내"와 아프리카·인도의 비슷한 이야기'에 나오는 말하는 물고기를 중심으로 한다. 그라스의 책은 비참한 역사, 시, 계급과 성에 대한 격렬한 논쟁으로 점철되어 있고, 무엇보다 음식 이야기로 가득하다. '흰 완두콩을 삶아서 만든 퓌레와 후추 소스를 곁들인 구운 돼지고기'의 요리법, '양 젖 치즈에 훈제 대구 간', '소렐을 곁들인 만나', 이런 말 들은 배고픔을 아는 사람들에게 군침이 돌게 한다. 독자는 식욕을 일으키는 데 동참한다. 따끈한 음식들이 항상 마음 속에 또렷하게 떠올라서 금방 맛볼 수 있을 것 같지만, 그것은 먹음직스럽다는 느낌보다 만복감을 일으키고, 언제나 파편과 죽음을 향해 간다. '그 많은 사랑들이, 쓰레기통으로 가게 되어 있다.'

요리사 아그네스가
죽어가는 시인 옵티즈에게 키스했을 때,

그는 작은 아스파라거스 줄기를 마지막 여행에 가져갔다네.

허구의 시간에서 음식과 그 소비는 작은 삶과 작은 죽음을 끊임없이 불러오지만, 그것이 결코 소진되지는 않는다. 먹는 것은 생존하는 것이다. 욕망 속에서 미래는 언제나 다시 새로워지고 이리 저리 갈라진다. 독자는 우리가 절대로 공유하지 않을 듯한 몸과 이야기를 향해 긴장한다. 그라스의 소설은 임의로 줄이거나 늘리지 못하는 생물학적 시간인 아홉 달의 임신 기간에 맞춰져 있다. 그리고 마지막에 남편인 해설자는 여자들을 위한 새로운 세상을 예견한다(그림 3). 이번에는 어부의 아내가 자기 길을 찾아간 것으로 여겨진다.

납작하고, 늙고, 주름지고, 자갈투성이 피부의 플라운더, 이제는 더 이상 나의 플라운더가 아닌 물고기가 처음으로 바다에서 나오는 듯이 펄쩍 뛰어올라 그녀의 팔에 안겼다.

나는 텅빈 저녁 식사 그릇 옆에 앉아서, 역사에서 밀려났다. 돼지고기와 양배추 맛의 여운을 느끼며.

버지니아 울프의 『등대로』에서는 앞쪽 절반에 그림 동화 '어부와 아내' 이야기를 다룬다. 끈덕진 아내가 남편을 윽박질러, 다시 바다로 가서 마법의 물고기 플라운더에게 소원을 빌게 한다. 소원이 이루어질 때마다 그녀의 욕망과 악의는 점점 더 커진다.

그림 3 ● 귄터 그라스가 직접 그린 플라운더

그림 동화는 안전을 찾는 이야기이기도 해서, 사물을 완전하게 하고 통제한다. 울프는 이런 욕망도 탐구한다.

> 그녀는 계속해서 읽었다. '아, 마누라' 남자는 말했다. '왜 우리가 왕이 되어야 하지? 나는 왕이 되고 싶지 않아.' 아내가 말했다. '음, 당신이 왕이 되고 싶지 않다면, 내가 왕이 되겠어요. 플라운더에게 가서, 내가 왕이 되게 해 달라고 말해요.'

어머니는 어린 아들 제임스에게 이야기를 읽어주고 있지만,

마음의 절반은 젊은 친구들의 미래가 어떻게 되어갈지 분주하게 궁리한다. 그녀는 어부의 아내 이야기를 생각하고 있지 않다. 그녀는 그들이 해변에서 돌아오기를 기다리고 있다. 땅거미가 지고 시간은 자꾸 흐르고 있다. 폴이 민타에게 청혼을 했을까? 그녀는 생각에 잠기고, 우리는 그녀와 함께 청혼을 했을 때와 하지 않았을 때 일어날 미래에 대해, 그들을 넘어서 그녀 자신의 존재와 행동, 그녀의 호의에 대해 생각에 잠긴다.

그러나, 민타가 왔다…… 그래. 그녀가 왔다. 램지 부인은 생각한다. 상념의 덤불 속에서 또 한 가지 생각이 떠오른다. 어떤 여자가 자기에게서 딸의 사랑을 훔쳐갔다고 램지 부인을 비난한 적이 있었다. 도일 부인의 어떤 말에 이 일이 떠올랐다. 지배하려는 소망, 간섭하려는 소망, 사람들이 그녀가 원하는 대로 행동하도록 만들겠다는 생각. 사람들은 이런 일로 램지 부인을 비난하지만, 그녀는 이것이 결코 공정하지 않다고 생각했다.

그녀는 지배적인가? 그녀는 다른 사람들을 소유하려 하는가? 그림 동화는 끝났지만 여전히 영향을 주고 있고, 독자는 어지러운 상념에 젖어든다. 이 페이지들을 소리내어 읽으면 느낌이 크게 달라진다. 페이지 속의 조용한 단어들이 살아나서, 입밖으로 뱉어낸 말과 그러지 말아야 것들 사이의 구별을 뚫고 올라온다. 독자는 램지 부인과 함께 어떤 일이 일어났는지, 어떤 일이 일어날 수 있는지, 어떤 일이 일어날 수밖에 없는지 상상한다. 독자는 그녀와 하나가 되어서 공통의 현재에 살아있는 것처럼 된다. 어부의 아내 이야기는 우리 속에 살아있다.

독자는 마음 속의 조용한 공간에서 의식의 운동을 수행하며 온갖 것들을 의심한다. 동의하거나 이의를 달면서 긴박감을 느끼려면 긴 침묵이 필요하다. 여기에서 현재, 과거, 미래가 융합된 경험은 말해지는 이야기와 조용한 상념의 얽힘에 의존한다. 이런 효과는 소설에서만 가능하다. 벤야민이 상상했듯이 이야기에서는 불가능하며, 이야기를 들려주는 이야기꾼의 연기로도 불가능하다. 이것은 픽션에서 소리내어 들려주는 말과 씌어진 글 사이의 복잡한 의존성을 가져온다. 반복되는 과거들과 우리가 결코 충분히 내다보지 못하는 미래들 사이에도 의존성이 있다. 물론 픽션의 즐거움은 미래를 다양하게 상상하는 데 있지만 말이다. 마침내 램지 부인이 아들에게 읽어주는 이야기는 결말로 다가간다. 이야기는 거의 끝나고, 정해진 결말은 픽션의 시간이 가진 역설을 보여준다. 끝났지만 지속되고, 말하고 있지만 책은 덮여진다. 램지 부인은 젊은 친구들을 걱정한다. '둘 중 한 사람은 발을 헛디디고, 넘어져서 다칠 것이다. 주위는 점점 더 어두워지는데.'

그러나 그녀는 이야기를 끝낼 때까지 목소리를 변화시키지 않았다. 그녀는 책을 덮었고, 아들의 눈을 들여다 보면서 마치 스스로 지어내서 말하는 것처럼 마지막 말을 들려주었다. '그리

고 그들은 지금까지도 살고 있단다.'

'이게 끝이야.' 그녀는 말했다〈……〉.

끝이 났고, 지금까지 살고 있다. 우리가 읽는 미지의 미래는 어느 정도는 과거에 씌어진 글에 의해 만들어지지만, 글 밖으로 나와서 우리의 시간 앞에 펼쳐지면서 신선한 의미로 태어나며, 현재를 지나 살아남는다. 우리가 소설과 이야기를 회상할 때, 그것들은 시간 순서의 줄거리에 따라 떠오르지 않는다. 전체가 이미지로 분해되거나, 특별한 감정의 정조를 가지고, 이야기에서 실제로 일어난 것뿐만 아니라 가능성으로만 존재했던 일들, 인상, 경험으로 알려진 미래가 뒤섞여 한꺼번에 떠오른다.

· Barchas, J., *The Annotations in Lady Bradshaigh's Copy of Clarissa*, Victoria, British Columbia: English Literary Studies, no. 76, 1998.

· David, C., Lenoir F. and de Tonnac, J.-P. (eds.), *Conversations About the End of Time: Umberto Eco, Stephen Jay Gould Jean-Cldude Carrière, Jean Delumeau*, trans. Ian Maclean and Roger Pearson, London: Allen Lane, 1999.

· Eco, U. and Sebeok, T. (eds.), *The Sign of Three: Dupin, Holmes, Peirce*, Bloomington, IN: Indiana University Press, 1983.

· Genette, G., *Narrative Discourse*, Oxford: Basil Blackwell, 1986.

· *I'm Telling You!* Compilaton hom the 1999 Cambridge Young Writers Award, with a foreword by David Blunkett MP, Cambridge: Cambridge University Press, 2000

· Niles, J. D., *Homo Narrans: The Poetics and Anthropology of Oral Literature*, Philadelphia: University of Pennsylvania Press, 1999.

· Rubin, D. C., *Memory in Oral Traditions: The Cognitive Psychology of Epic, Ballads, and Counting-Out Rhymes*, Oxford: Oxford Uuniversity Press, 1995.

· Said, E., *Beginnings: Intention and Methods*, New York: Basic Books, 1975.

더 읽을 거리

이야기 시간과 그 미래

247

8. 시간과 종교

J. R. 루카스

서론

　종교는 시간에 대해 친절하지 않다. 많은 사람들이 시간의 압제에서 벗어나기 위해 종교를 찾는다. 우리는 이 부박한 세상의 변화와 우연의 놀음에서 달아날 도피처를 찾으며, 우리의 임시적 존재의 불가피한 유한성에서 탈출하기 위해 더 높은 실재로 올라가려 한다. 그곳에서 임시성의 제한은 절대적 존재의 영원한 진실에 의해 초월될 것이다. 어떻게 보면 우리가 신을 찾는 동기와 무관하게, 신의 전지전능함이 시간에 따라 변한다는 것은 신성모독으로 보인다. 그래서 그리스 사람들은 올림푸스의 너무나 인간적인 신들을 멀리하고 그 대안이 될 신을 모색했다. 그 신은 무시간적인 절대성을 가지며, 고통을 받지 않고, 그 자신은 움직이지 않으면서 모든 것을 움직이며, 존재의 바탕이며, 마땅히 우리의 숭배를 받을 자격이 있으며, 세상 일에는 개입하지 않는 존재이다.

　철학자의 신은 올림푸스의 신들과 크게 달랐고 유대교의 신과도 달랐다. 아브라함과 이삭과 야곱의 신은 이스라엘의 역사에 자주 개입했다. 이스라엘의 신은 백성들이 이집트를 탈출하도록 도왔고, 가짜 신에게 갔을 때는 그들에게 징벌을 내렸다. 예언자는 신의 말은 전했지만, 다윗과 아합이 곧고 좁은 정의의 길을 벗어났을 때처럼 예언자가 신을 거역할 때도 있었다. 예수는 언제나 신을 아버지라고 불렀다. 기독교의 신은 자신의 아들을 세상으로 보냈다가 죽음에서 건져올림으로써 세상에 긴밀하게 개입했지만, 파르메니데스의 신이라면 이런 일을 절대로 하지 않을 것이다.

여기에 명백한 긴장이 있었고, 이것을 인식한 테르툴리아누스[1]는 이렇게 물었다. '예루살렘과 아테네는 어떻게 다른가?' (그림 1) 그러나 대부분의 사람들은 이 긴장을 크게 의식하지 않으려고 했다. 필론[2]은 구약의 대부분을 신화적으로 이해함으로써 유대교와 그리스의 철학을 융화시키려고 했다. 현대의 많은 신자들도 이런 태도를 이어받아 창조의 이야기는 곧이곧대로 받아들일 것이 아니라 더 심오하고 은유적인 진실을 나타낸다고 주장하면서 창세기를 지질학이나 우주론과 화해시킨다. 순교자 저스틴은 기독교 철학을 정립하기 위해 노력했고, 그의 노력을 계승한 교부들이 기독교를 지적으로 받아들일 만하게 다듬었다. 신은 점점 더 존경스러워졌고, 인간적인 면은 점점 줄어들었다. 아테네와 예루살렘의 경쟁에서 아테네가 이긴 것이다.

나는 이 결과에 도전하고 싶다. 철학자의 신은 기독교의 신이 하는 일을 하지 못한다. 아우구스티누스와 아퀴나스가 위대한 지성으로 옹호했지만, 무시간적인 신은 역사에 개입할 수 없다. 무

1) 테르툴리아누스(Tertullianus, 160?~220?)는 3세기경에 활약한 카르타고의 교부이자 신학자로, 기독교 교리를 형성하고 신앙을 순화하고자 애썼다. '나는 불합리하기 때문에 믿는다'라는 유명한 말을 남겼다.
2) 필론(Philon, B.C.15?~A.D.45)은 고대 알렉산드리아 출신의 유대철학자로, 유대사상과 그리스철학을 융합하여 중간 실재로서의 로고스설을 주장했다.

여호와	철학자의 신
예수	파르메니데스
인격신	절대적인 존재의 근원
계시	신학적인 최고
개인적	비개인적
시간적	무시간적
인간사에 개입함	우리 존재의 토대
이스라엘 민족이 홍해를 건너게 함	
예수를 죽음에서 부활시킴	
감정을 가짐	고통을 느끼지 않음
"40년 동안 나는 그 세대와 함께 슬퍼했다"	

그림 1 ● "예루살렘과 아테네의 관계" – 테르툴리아누스

시간적인 존재가 어떻게 아버지처럼 아이들을 가엾게 여기고, 기
도를 듣고, 때때로 기도를 들어주기까지 하는지 알 수 없다. 이
장에서는 사상가들이 신을 무시간적인 존재로 보게 된 이유를 살
펴보겠다. 나는 이것이 신을 비인격화하는 것이라고 논할 것이
며, 마지막으로 영원에 대한 좀 더 실증적인(그리고 시간적인) 관
점을 보여줄 것이다.

왜 신이 무시간적이라고 하는가?

우리는 여러 가지 이유로 신이 무시간적이라고 본다. 종교적 체험은 세상 밖으로 나오는 것으로 여겨지고, 따라서 시간 밖으로 빠져나오는 것으로 여겨진다. 철학자의 신을 생각하는 것은 신학의 극치이다. 이것은 너무 쉽게 상식을 넘어서고 심지어 지성까지 넘어선다. 신이 무시간적이라고 하면 곤혹스러운 질문을 피할 수 있다. 예지력과 자유 의지, 우주의 시작과 종말 등은 이런 방법으로만 피해갈 수 있으며, 그렇지 않으면 대답하기 매우 어렵다. 그러나 여기에는 몇 가지 실수가 숨어 있다. 변화의 본성, 시간과 공간의 유사성, 순간과 시간 간격에 대한 혼란이 숨어 있는 것이다. 이런 것들을 제대로 안 다음에는 더 이상 신이 무시간적이라고 할 이유가 없어진다.

시간은 변화의 가능성을 뜻하며, 플라톤은 이 변화에 반대했다. 우리는 여기에 공감할 수 있다. 이것은 자연스러운 일이다. 변화가 흉측한 머리를 들이밀면 우리는 그것을 멈추고 싶어하며, 즉각적인 현재뿐만 아니라 원리적으로 영원히 멈추고 싶어한다. 실재(reality)가 되어감이 아니라 있음이라면, 변화는 항구적으로 존재함이 아니라 덧없이 흘러가는 것이므로 푸대접을 받게 된다. 많은 진실들, 예를 들어 수학과 자연과학에 대한 진실은 무시간적이거나 전(全)시간적이어서 모든 시간에 적용되며, 모든 장소와 모든 개인에게 적용된다. 자연 법칙이 모든 시간에 대해 불변이듯이, 궁극적인 실재도 변화가 없고 모든 임시적인 변이에서 벗어나 있어야 한다.

플라톤은 한층 더 명시적으로 신의 불변성을 논했다. 신이 어떤 상태에서 다른 상태로 변한다면, 어떻게 변하더라도 그 변화는 나쁜 방향일 것이다. 이 경우에 신은 원래의 변하지 않은 상태보다 나빠진다. 그렇지 않고 변화가 좋은 방향이라면, 신의 원래 상태는 변한 뒤보다 나쁜 상태였을 것이다. 둘 중 어떤 경우든 신은 완벽하지 않은 상태에 있게 된다. 신이 완전성을 가지려면, 완벽한 상태에서 변화하지 않아야 한다. 그러나 이 논증에서는 도덕성을 기준으로 상태들을 엄격하게 한 줄로 늘어세울 수 있다고 가정하는데, 이것이 명백히 참은 아니다. 많은 변화들(예를 들어, 내가 숨을 들이쉬고 내쉬는 것)이 도덕적 가치와 무관하고, 도덕성과 관련이 있다고 해도 언제나 적합하거나 비교가능하지는 않다. 나는 재치있고 이해력이 빠르면서도 동시에 용기있게 정의와 선을 대변하지 못한다. 미적 가치에 대해서도 마찬가지이다. 우리는 파르테논이 소피아 성당보다 더 아름답다고 말하기를 주저하며, 그 반대도 마찬가지이다. 또 바흐가 베토벤보다 더 나은지 어떤지 말하기를 주저한다. 모든 것에 가치의 우열을 정하는 단일한 기준은 없다. 이것을 알고 나면, 완전성에 대한 플라톤의 논증은 곤두박질치고 만다.

더 근본적인 점으로, 플라톤은 변화의 논리를 곡해했다. 변화에 대해 말할 때 우리는 '무엇에 대한 변화인가?'를 묻는다. 동창회에서 오랫만에 만난 친구에게 이렇게 말했다고 하자. '자네는 하나도 변하지 않았군.' 이것은 그가 성격도 여전하고, 똑같은 농담을 하고, 똑같이 재미없는 말장난을 하고 있다는 뜻이다. 하지만 물론 그는 다른 면에서는 변했다. 그는 대학 기숙사 옆방에 살 때보다 더 뚱뚱하고, 머리가 벗겨졌고, 더 부자가 되었다. 게다가, 그가 입술을 움직이지 않고 폐로 숨을 들이쉬고 내쉬지 않는다면 웃기는 이야기를 떠벌리지도 못할 것이다. 플라톤과 시편의 저자가 신이 변함없이 충실하고 믿음직해야 한다고 보는 것은 이치에 닿지만, 그렇다고 신이 절대적으로 불변해야 하는 것은 아니다(그림 2).

유신론자들은 신과 시간의 관계에 대해서 아주 쉽게 혼란에 빠진다. 신이 존재한다면 그는 궁극적인 설명이며, 최초의 원인이며, 창조자이며, 모든 것을 만든 존재이다. 따라서 시간도 신이 만들었을 것이므로 신은 시간 속에 있지 않으며, 신은 시간 이전에 존재한다. 하지만 시간은 만들어질 수 있는 그 무엇인가? 신이 우주를 만들었다면, 우리는 '신이 언제 우주를 만들었는가?'라고 물을 수 있고, '약 1.5×10^{10}년 전에 만들었다'고 대답할 수 있다. 그러나 시간은 변화와 다르고, 변화할 수 있는 사물과도 다르다는 것을 알고 나면, 더 이상 '신이 언제 시간을 만들었는가?'라고 물을 수 없다. 많은 철학자들은 신의 능력이 줄어든다는 이유로 이것을 인정하기를 꺼린다. 이것을 인정하면 이미 존재하는 시간과 공간의 틀 안에서 그저 조금 뛰어난 창조자가 사물을 만

변화란 무엇인가?

어떤 사물이 다른 시간에 뭔가가 다르면, 변화한 것이다.

'다르다' 는 말의 논리는 무엇인가?
다르다는 다음과 같은 **3항** 관계이다.

X와 Y는 A-성(A-ness)에서 서로 다르다.

(**나**와 **너**는 **키**가 다르지만, **인간이라는 점**, 또는 **시간에 관심이 있다는 점**에서는 그렇지 않다.)

신이 언제나 믿음직하고 미심쩍지 않으며 변덕스럽지 않아야 한다는 뜻에서 신이 불변해야 한다는 생각은 자연스럽지만, 우리의 곤경과 기도에 반응하지 않는다는 점에서 신이 움직이지 않는다는 것은 합당하지 않다.

절대적으로 변화 없음은 형이상학적으로 그럴듯하지 않다. 고전적인 유물론에서 원자는 언제나 동일하지만, 시간에 따라 위치와 속도는 각각 다르다.

그림 2 ● 변화

들어낸 것이 된다. 그러나 여기에서 부정되는 것은 신의 궁극성이 아니다. 다만 신과 시간이 만들고 만들어지는 관계가 아니라는 것이다. 신은 시간에 대한 기계적인 원인이 아니라, 시간을 설명하는 근거이다. 시간은 신에 의해 만들어진 것이 아니라, 개체로서 존재하는 신에게서 갈라져 나왔다.

신은 무시간적일 수 있는가?

또한 유신론자들은 '신은 시간 속에 있는가?' 하는 질문에 대해서도 혼란에 빠지며, '그렇다'라고 답해야 한다고 생각한다. 우리는 신을 공간 속에 배치하지 않는다. 이렇게 하면 신을 제한하게 되기 때문이다. 우리는 신이 공간 밖에 있다고 말하고 싶어 한다. 사람도 비공간적인 체험을 한다고 충분히 상상할 수 있다. 예를 들어 천구의 음악을 듣거나, 오래 전에 죽은 성인들과 깊은 대화를 나누는 것이 그런 체험이다. 보에티우스[3]는 『삼위일체에 관하여 *De Trinitate*』에서 이것을 잘 설명했다. 신은 어떤 장소에도 있지 않으면서 동시에 모든 장소에 존재한다. 따라서 똑같은 논리에 따라 신은 시간 밖에 존재하며, 우리가 신과 함께 있을 때 우리의 경험도 무시간적이다(그림 3). 그러나 시간은 공간과 같지 않다. 처음에 나는 두 가지에 대해 생각하면서, 공간은 시간과 비슷하지만 시간은 공간과 같지 않다고 결론을 내렸다. 그래서 나의 책 제목을 주의 깊게 『시간과 공간에 대한 논고』라고 했고, 『공간과 시간에 대하여』라고 하지 않았다. 시간을 공간에 빗대는 것은 잘못이고, 그렇게 해도 신이 무시간적임이 드러나지 않는다. 신은 시간 안에 놓여있지 않지만, 그렇다고 시간 밖에 있지도

---

3) 보에티우스(Boethius, 470?~524)는 이탈리아 출신의 가톨릭 순교 성인으로, 마지막 로마인이라 중세기의 창립자요 최초의 스콜라 철학자라 불린다. 『신학논고집』『철학의 위안』 등의 저술을 남겼다.

신은 시간 속에 있는가?
신이 시간 속에 있으며 시간의 흐름에 지배받는다고 말하기 곤란하다.

이 질문과의 비교: 신은 공간 속에 있는가?

그렇지 않다. 신은 공간 속에 있지 않다. 모든 공간에 신이 존재하며, 공간은 신의 마음이다. 모든 공간은 신의 속에 있으며, 신은 공간 밖에 있다.
보에티우스, 『삼위일체에 관하여』, 4

신은 시간 밖에 있다. 보에티우스

하지만: 시간은 공간과 같지 않다.

신은 시간의 제한을 받지 않지만, 시간 밖에 있지도 않다. 모든 시간이 신이 존재하는 시간이기 때문이다.

그림 3 ● 신은 시간 속에 있는가?

않다. 모든 시간이 신이 존재하는 시간이기 때문이다.

20세기에 와서 신의 시간은 꽤 다른 영역에서 공격을 받았다. 아인슈타인과 민코프스키는 시간이 공간과 동등하다고 말해서 보에티우스를 정당화하는 것으로 보인다. 상식과 뉴턴의 정교한 이론이 말하는 것처럼 시간과 공간은 완전히 별개의 것이 아니다. 뒤섞인 시공간을 배후의 실재로 보아야 한다. 시간과 공간은 보는 관점에 따라 달라지며, 시간은 공간의 네 번째 차원에만 머무르지 않는다.

특수상대성이론에 따르면 존재의 바탕은 시공간이지 공간이 아니다. 시공간은 3차원 공간에 시간을 덧붙인 단순한 4차원 공간이 아니라, 로렌츠가 생각해낸 (3+1)차원 다양체이다. 시간성 차원과 공간성 차원의 차이, 그리고 시간성 거리와 공간성 거리의 차이는 심대하다. 또 시공간의 빛원뿔 구조는 일반적인 유클리드 공간과 꽤 다르다.

특수상대성이론에서는 기준좌표계에 따라 과거, 현재, 미래를 나눈다. 어떤 기준좌표계에서 특정한 사건을 미래로 보았다고 해도, 다른 기준좌표계에서는 그 사건을 과거라고 할 수 있다. 이것은 심각한 문제이다. 신이 존재해서 사건이 일어나는 것을 알 수 있고, 또 사건들이 어떤 순서로 일어나는지 알 수 있다면, 거기에는 어떤 성스러운 동시성 기준이 있고, 어떤 절대적인 기준좌표계가 설정될 것이다. 이렇게 되면 모든 기준좌표계가 동등하지 않고, 어떤 한 기준좌표계만 우월한 지위에 있게 된다. 이것은 통상적으로 설명되는 상대성원리에 어긋나지만, 그렇다고 흔히 여겨지듯이 과학적인 신성모독은 아니다. 뉴턴 역학을 잘 살펴보면 이런 점을 알 수 있다. 뉴턴 역학도 상대성원리를 만족하므로, 모든 기준좌표계는 동일하다. 역학만으로는 정지좌표계를 확인할 수 없다. 그러나 이것은 절대 공간이 존재하지 않거나 무의미한 개념이라는 뜻이 아니다. 뉴턴은 절대 공간이 의미가 있다고 논했고, 태양계의 질량 중심이 절대 공간을 정의한다고 보았다. 역학적인 수단으로 확인할 수 없다고 해서 절대로 확인될 수 없다는 것은 아니다. 다른 가능성을 고려해서 뉴턴의 다른 연구가 성공해서 이 문제에 지침을 줄 수 있다. 어쩌면 뉴턴의 또 다른 연구였던 『에제키엘 서』에 대한 해석이 성공해서 이 문제가 밝혀졌을지도 모른다. 뉴턴이 구약의 심오한 진리를 해독해서 정지 좌표계를 확인했다면, 그는 주저 없이 이 발견을 받아들였을 것이다. 물리학자들은 신학에 호소할 필요가 없다. 물리학은 그 자체로 절대 정지 좌표계를 확인할 수 있다. 마이컬슨−몰리 실험[4]이 에테르를 지나가는 지구의 속도를 측정하고자 한 것도 절대 정지 좌표계를 확인하기 위해서였다. 역학적 수단만으로 절대 기준 좌표계는 확인할 수 없다고 해도, 물리학을 역학 밖으로 연장해서 더 많은 고려를 통해 절대 기준 좌표계를 집어낼 수도 있을 것이다. 뉴턴 역학과 전자기학이 결합하여 에테르가 나오고, 에테르가 절대적으로 정지해 있다고 볼 수 있다. 에테르가 발견되지 않자 뉴턴 역학은 전자기 이론과 함께 갈 수 있게 수정되었다. 그러나 에테르가 발견되었다고 해도 뉴턴 역학이 틀렸음이 입증되지는 않는다. 단지 절대 기준 좌표계는 절대로 정지해 있음을 보여서 뉴턴을 정당화할 뿐이다. 뉴턴 역학에 절대 기준 좌표계가 꼭 필요하지는 않지만, 어쨌든 서로 정합적이다. 따라서 성스러운 전지자가 절대적인 동시성의 초월적 공간을 만들어낸다고

---

4) 1887년 A. 마이컬슨이 빛은 에테르를 매질로 하여 전파된다는 설을 검증하기 위해 E.W. 몰리와 함께 행한 실험이다. 마이컬슨 간섭계를 이용하여 광원이 지구의 자전에 의해 운동할 때 빛이 진행한 거리의 차이가 간섭무늬에 반영될 것이라 가정하고 진행했다. 그 결과 광원의 운동과 광속은 차이가 없었으며, 이는 광속도 일정의 원리의 바탕이 되었다.

해도 특수상대성이론과 모순되지 않는다. 상대성원리는 여전히 성립한다. 상대성원리는 전자기 현상에 대한 이론인 특수상대성 이론 안에서 성립한다. 먼 곳에서 방출되는 광자를 다루거나, 무선 메시지를 받거나, 전기력으로 묶여 있는 분자 속의 원자들 사이의 거리를 다루려고 하면, 우리의 모든 데이터를 정합적으로 조화시키는 최상의 방법은 로렌츠 변환 방식으로 사건들의 시간을 매기는 것이다. 전자기 법칙을 나타내는 모든 방정식은 로렌츠 변환에 공변(covariant)이며, 이것은 뉴턴 역학의 법칙을 나타내는 방정식들이 갈릴레이 변환에 공변인 것과 마찬가지이다.

과학자들은 이것이 과학을 신학으로 오염시키는 신성모독이라고 여길 것이다. 뉴턴이 신학자였다고 해도, 이것은 고귀한 과학적 정신의 노년에 생긴 질병이다. 그러나 신학자들만 특수상대성이론을 제한하려고 하는 것은 아니다. 일반상대성이론을 연구하는 많은 학자들이 우주 시간과 특별한 기준계를 설정한다. 양자역학의 실재론적 해석에서도 슈뢰딩거의 고양이가 언제 죽는지, 그리고 먼 곳에서 일어나는 사건(예를 들어 황소자리 알파 별에 있는 나트륨 원자에서 광자가 흡수되는 것)이 동시인지 이전인지 나중인지에 대한 문제가 있다. 절대시간이 이단이라면 일반상대성과 양자역학도 이단이 될 것이다.

마음과 시간

시간을 공간과 비슷하게 보는 것은 실수이지만, 그냥 실수라고만 할 수는 없다. 이것은 시간에 대한 우리의 사고 방식에서 나온 것이다. 물리학이나 자연적 과정이 아니라 우리의 사고 방식만으로 본다면, 우리는 시간적 관점을 바꿀 수 있다. 나는 케임브리지에서 현재의 시점이 아니라 내가 젊었을 때, 또는 뉴턴이나 다윈이 살았을 때의 관점을 선택할 수 있고, 나 자신의 관점이 아니라 당신의 관점이나 역사적 인물의 관점을 선택할 수도 있다. 나는 동사의 시제를 변화시킬 수 있고, 제한적이지만 지금 여기라는 자기중심적 관점에서 벗어날 수 있다(그림 4). 철학적 순간에 우리는 모든 시간을 한꺼번에 생각할 수도 있다. 이렇게 하면서 순간(instant)과 기간(interval)을 혼동하고 현재가 무엇인지 제대로 이해하지 못해서 임시성의 본질을 놓치기도 한다. 우리는 대개 시간에 현재가 반드시 있어야 한다고 생각한다. 사건의 시간 순서를 바꾸면, 우리는 그 사건이 진짜로 일어났다는 것을 부인한다. 그리고 현재와 함께, 현재에 대비될 과거와 미래가 있어야 한다. 그러나 여기에서 현재란 무엇인가? 현재의 순간인가? 현재의 기간인가? 아우구스티누스가 제시한 논의는 시간의 객관적 존재에 의문을 던진다. 나는 이것을 현재의 무한 축소 논증이라고 부르겠다. 우리는 현재에 대해 말하지만, 현재라고 부르는 기간이 어떤 것이든 일부는 과거이고 일부는 미래라는 것을 알게 물질적 대상들과 달리, 마음은 한 번에 두 장소에 있을 수 있다.
나는 케임브리지에 있으면서 팀북투에 있는 나를 상상할 수 있다.
마찬가지로, 나는 다른 사람의 관점에서 사물을 볼 수도 있다.
나는 웰링턴의 마음으로 들어가서 1815년 6월에 나폴레옹의 공격에 어떻게 대비할 지 생각할 수 있다.

다시 한 번, 나는 다른 시대로 가서 내가 있는 시점과 다른 시간적 관점에서 사물을 볼 수 있다.
나는 1815년 6월로 돌아가서, 당시의 관점으로 브뤼셀의 상황을 생각할 수 있다.
나는 2035년으로 가서, 현재 우리가 지구 온난화를 막지 못했을 때 일어날 일에 대해 생각할 수 있다.

물질적 대상과 달리, 마음은 현재 자신이 점하고 있는 시점이 아닌 다른 시간적 관점을 취할 수 있다.

철학자들은 천성적으로 자기를 신이라고 생각하며(정치철학에서는 매우 위험하다), 자신을 모든 시간에 대한 관찰자라고 생각한다.

그림 4 ● 마음과 시간

된다. 이 글을 쓰는 시간은 서기 2000년이지만 1월과 2월은 이미 지나갔고, 4월은 아직 오지 않았다. 마찬가지로 달, 주, 날, 시간, 분, 초를 생각해 보아도 진짜로 현재는 아니며, 따라서 진정한 현재 시간이라는 것은 없다는 결론에 이른다. 그러나 이것은 현재의 기간이 맥락에 따라 달라진다는 뜻이고, 맥락이 변한다는 것이다(그림 5). 절대적인 현재의 기간은 없으며, 현재의 순간으로 수렴하는 일련의 기간들이 있다(그림 6). 이것은 코시가 실수(實數)를 정의할 때 고안한 것처럼 구간 속에 또 구간이 들어가고 그 현재는 과거의 기간과 미래의 기간을 구분하는 지속 없는 **순간**이다.

```
과거                              현재                       미래
- - - - - - - - - - - - - - - - - - - +++++++++++++++++++++++++++
```

현재는 미래의 기간과 과거의 기간을 포함한 **기간**이다.

```
과거                              현재                       미래
- - - - - - - - - - - - - - - ★★★★★★★★★★★★★★★+++++++++++++++++
```

질문: 현재의 기간은 얼마나 긴가?

해답: 오늘, 금주, 이번 달, 올해, 금세기(今世紀)

그림 5 ● 현재의 순간과 현재의 기간

속에 또 구간이 있어서 극한으로 수렴하는 것과 같다.

　반대로 플라톤은 현재의 무한 확장을 통해 철학자를 모든 시간에 대한 관찰자로 규정한다. 우리가 다른 시점을 취할 수 있고 다른 사람의 관점에서 사물을 볼 수 있다는 점이 이 견해를 지지한다.

　이 책은 찰스 다윈을 기념하기 위한 것이므로 여기에서 다윈을 인용해 보자. 다윈이 비글 호에 타고 있을 때는 이미 케임브리지에서 큰 명성을 얻은 뒤였고, 여자보다 새에 대해 더 많이 생각했다고 한다. 마찬가지로 철학자들은 대폭발(Big Bang)이 어땠을지 당시의 관점에서 생각할 수 있고, 대붕괴(Big Crunch)가 생

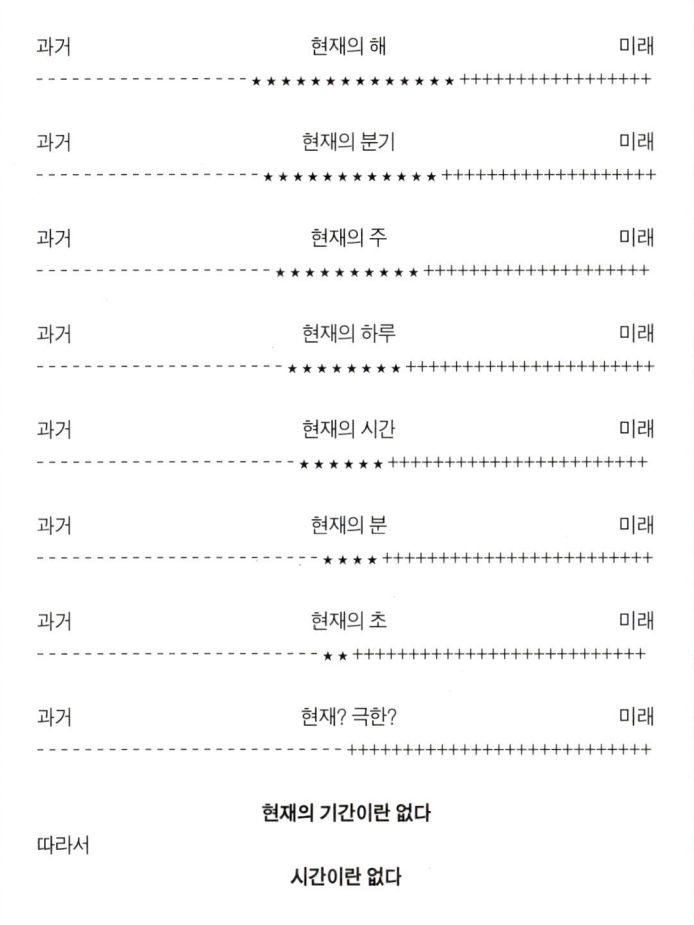

과거	현재의 해	미래

과거	현재의 분기	미래

과거	현재의 주	미래

과거	현재의 하루	미래

과거	현재의 시간	미래

과거	현재의 분	미래

과거	현재의 초	미래

과거	현재? 극한?	미래

현재의 기간이란 없다

따라서

시간이란 없다

그림 6 ● 아우구스티누스의 현재의 무한 축소

길지에 대해 생각할 수도 있다. 우주가 마지막 폭발로 종말을 맞을지, 아니면 열사멸(heat death)이 일어나 어떤 사건도 일어나지 않는 밋밋한 곳이 될지 생각할 수도 있다. 우리가 모든 시간(그리고 모든 존재)을 탐색할 때 우리 자신의 삶은 더 이상 중요해 보이지 않는다. 그래서 우리는 모든 시간이 우리 앞에 있으므로, 어떤 것도 과거나 미래가 아니라고 쉽게 생각한다. 시간은 미래에서 와서 현재가 되었다가 돌이킬 수 없는 과거로 흘러가기 때문에, 과거나 미래가 아니라면 그것은 시간이 아니라고 할 수 있다 (그림 7).

현재의 무한 축소와 무한 확장은 모두 순간과 기간의 혼란에서 오는 것이다. 이 구별을 마음 속에 굳게 가지면 플로티누스, 아우구스티누스, 보에티우스가 무엇에 끌려갔는지 알 수 있고, 그것으로 신이 무시간적이라고 주장할 수 없음을 알 수 있다. 물론 그것은 인간의 시간에 비추어 신의 시간 경험을 아는 데 도움이 되며, 여기에서 영원의 개념이 나온다.

영원

철학자들은 스스로 신이라고 생각하고, 우주에 대한 신의 관점을 채택하고 받아들이기를 좋아한다. 존재의 모든 것을 살펴볼 때 대폭발과 대붕괴는 내 생각의 범위 안에 있다. 내 마음 속에 있으므로 두 사건은 가능성으로만 존재하며, 하나는 과거에 일어났을지도 모르는 일이고 다른 하나는 미래에 일어날지도 모르는 일이다. 신의 시간은 우리 시간에 비해 볼 때 현재 기간의 길이가

철학자를 모든 시간에 대한 관찰자로 생각한 플라톤은 옳은가?

우리는 다른 시간 관점을 선택할 수 있다.

다윈이 비글호를 **탔을** 때, 그는 케임브리지에서 이미 명성이 높았다.

과거	현재	미래

●●●●●●●●●●●B●●●●●●●I▷▷▷▷▷▷▷▷▷▷▷▷▷▷▷
●●●●●C●●●●I

다윈이 비글호를 **탔을** 때, 그는 여자보다 새에 대해 더 많이 **생각하고 있었다**.

과거	현재	미래

●●●●●●●●●●●B●●●●●●●I▷▷▷▷▷▷▷▷▷▷▷▷▷▷▷
●●●●●●●●● ★ ★ ★ I ★ ★ ★ ▷▷▷▷
●●●●●●●● b b b b b b b ▷▷▷▷

우리의 생각은 물리적인 인과성에 제한되지 않는다. 나는 어떤 시간 관점이라도 취할 수 있고, 당신의 관점에서 바라볼 수도 있다. 우리는 대폭발에 대해 생각할 수도 있고, 대붕괴가 다가오면 어떤 일이 일어날지에 대해서도 생각할 수 있다. 따라서 1인칭 시점에서, 모든 시간은 개념적으로 현재이다.

<<<<<<<<<현재>>>>>>>>>
★★★★★★★★★★★★★★★★★★★★★★★★★★★★★★I|★★★★★★★★★★★★★★★★★★★★★★★★★★★★★★

그림 7 ● 모든 시간에 대한 관찰자

다르다. 인간에게는 유한한 삶만이 허용되어 주어진 시간이 짧다. 과거의 대부분은 우리가 태어나기 오래 전에 있었고, 미래의 대부분은 우리가 죽은지 오래 뒤에 일어날 것이다. 그러나 신에게는 그렇지 않다. 어떤 과거도 신의 범위를 벗어나지 못하며, 어떤 미래의 시간도 신의 고려를 넘어서지 못한다. 신의 현재 기간은 모든 과거와 모든 미래를 포함한다. 이것이 아우구스티누스가 남긴 말의 뜻이다.

신은 늘 현존하는 영원으로 모든 과거에 앞서 있고, 모든 미래 시간을 넘어선다.

(수학자 기질을 발휘해서 이것을 입실론-델타 표기법으로 다시 쓴 다음에, 언제나 현존하는 신의 영원보다 더 앞선 과거의 날이 항상 있다고 트집을 잡고 싶지만, 이런 꼬투리는 독자들을 위해 남겨 두겠다)

우리는 플로티누스, 아우구스티누스, 보에티우스가 왜 영원이 정적(靜的)이라고 말했는지 알 수 있다. 신의 현재 기간이 모든 시간을 감쌌다면, 이런 의미에서 시간은 언제나 동일하다. 그러나 신의 현재 순간이 언제나 같아야 한다는 것은 아니다. 영원과 시간에 대한 보에티우스의 글을 보자.

Nostrum nunc, quasi currens, tempus facit et sempiternum: divinum vero nunc, permanens neque mobens sese atque consistens, aeternitatem facit,

우리의 현재는 흘러가면서 시간과 영속성(everlastingness)을

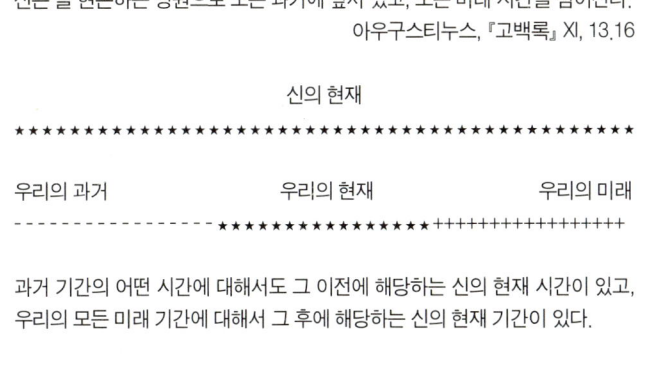

그림 8 ● 아우구스티누스의 모든 것을 포함하는 현재

창조한다. 성스러운 현재는 그대로 남아 스스로 움직이지 않으면서, 영원을 창조한다.

『삼위일체에 대하여』의 어느 문장에서 보에티우스는 처음에 나오는 nunc라는 단어를 현재의 순간을 가리키는 데 사용했고, 두 번째를 신의 현재 기간을 가리키는 데 사용했다. 그러나 신의 시간이든 우리의 시간이든, 유한한 기간이든 영속하는 시간이든, (일어나지 않을 수 없는) 과거와 미래의 잠재성을 가르는 움직이는 현재로 구성된다. 영원은 무시간이 아니라 모든 시간이며, 무시간성이나 무변화성이 아니라 우리의 유한한 존재의 제한에 구애받지 않는 시간이다. 시간은 우리에게 주어진 제한을 가르쳐준 변화가 없으면 시간이 없으며, 영원 속에서 변화는 없다.

아우구스티누스, 『신국론』 XI, vi

영원(eternity) 속에는 항구성(permanence)이 있다. 시간 속에는 변화가 있다. 영원 속에서 모든 사물은 정지해 있다. 시간적인 사물들 중에서 어떤 것이 오고, 다른 것이 따라온다.

아우구스티누스, 『설교』 CXVII, 10(vii)

영원은 완전하고, 끝나지 않는 삶의 동시적이며 완벽한 소유이다.

보에티우스, 『철학의 위안』 V, 6, ll, 9-11

시간은 미래의 잠재성이 현재를 거쳐 과거의 변경 불가능성으로 가는 것이다. 영원은 평정 속에서 모든 시간에 대한 사색이다.

그림 9 ● 영원

다(그림 9).

우리는 과거를 잊고 미래를 두려워하며, 사건들의 압력에 억눌린다. 우리는 하루의 일을 완수할 시간이 없고, 언제나 "당연히 해야 할 일을 하지 못한 채" 살아간다. 그러나 신의 기억에는 과거의 모든 일이 담겨 있으며, 신은 미래의 모든 일을 내다볼 수 있다. 무한한 정신에게는 한 번에 한 가지 일만 해야 하는 제한이 없으며, 현대의 복잡한 사건들도 신의 능력을 초과하지는 못한다. 우리의 시간성과 신의 무시간성이 비교되는 것이 아니라, 우리의 제한성과 신의 무제한성이 비교된다. 이 비교는 우리의 유한한 지적 능력을 한참 넘어서 우리의 도덕적이고 개인적인 흠결 영원은 항상 지속되는 시간을 함의한다.
그러나
그리스 어 aidios와 aion은 자연적으로 항상 지속함을 뜻하지만, 필론 때부터의
오랜 전통으로 영원과 항상 지속됨으로 구별되었다. 영원은 무시간이 아니라
모든 시간이며, 시간이 없는 것이 아니라 우리의 유한한 존재의 제한을 받지 않
는 시간이다.
이것은 논리적인 차이가 아니라 가치의 차이이다.

신의 약점
그리고
인간의 따분함

그림 10 ● 영원은 단지 항상 지속되는 것인가?

까지 포함한다. 이것은 가치의 차이이며, 범위만의 차이가 아니다(그림 10).

자유 의지

사상가들이 영원을 무시간으로 이해하려고 했던 것을 더 깊이 생각해 보자. 영원을 무시간으로 이해하면 두 가지 곤혹스러운 질문을 피할 수 있다. 첫 번째는 신의 전지전능함과 인간의 자유를 화해시킬 수 있다. 신이 시간 밖에 있으면 신은 우리가 무슨 일을 할지 미리 알 수 없다. 신은 단지 그것을 무시간적으로 아는

것이다. 아브라함과 이삭의 신은 미래를 미리 내다볼 수 있지만, 신의 예언은 틀리기도 한다. 신이 우리에게 행동을 고치라고 경고하기도 하고, 우리를 방문하기로 한 것을 후회하기도 하기 때문이다. 사람들이 무엇을 할지 신이 실수 없이 알고 있다면 사람에게는 행동의 선택권이 없다. 이런 경우에 이미 정해진 일이 일어났다고 사람을 비난하기는 어려워 보인다. 철학자들은 미리 안다는 것이 그것의 원인이 되지는 않는다고 이의를 달지 모르지만, 보통 사람들은 다음과 같은 결론을 피하기 어렵다. 신이 모든 것을 안다면, 신은 내가 무슨 일을 할 지 알고, 나는 그 일을 하지 않으려고 시도할 수 없다. 그 일이 나쁜 일이라면, 그 일이 일어난 것은 신의 잘못이다. 신은 전능하므로 나를 막을 수도 있기 때문이다. 필요하다면 신은 나를 죽여서라도 그 일을 막을 수 있다. 린츠의 교통사고, 조지아의 인플루엔자 유행, 아프리카 해방 전사가 실수로 저지른 살인, 바그다드에서 일어난 형제간의 살인, 게다가 히틀러, 스탈린, 이디 아민, 사담 후세인 등이 저지른 일들도 마찬가지이다. 악의 문제에 대해 전통적인 기독교의 반응은 플란팅가(Plantinga)가 '자유의지의 수호' 라고 부른 것이다. 그러나 자유의지 수호는 즉각 신의 전지에 대한 의문을 일으킨다. 동료나 학생이 끊임없이 궤변을 늘어놓을 때 내가 격노할지 살인 충동을 억누를지가 진정 내 뜻대로라면, 신은 내일 세미나에서 어떤 일이 일어날지 알 수 없게 된다. 나는 인내심의 한계에 닿아서 칼로 책상을 파는 일에만 몰두하는 학부생을 마침내 쫓아낼지도 모른다.

　기독교 사상가들(오리게네스[5], 아우구스티누스, 밀턴)은 신이 우리의 잘못된 행동을 미리 안다고 해서 그것의 원인이 되지는 않는다는 논리를 세우려고 했다. 그것은 옳다. 하지만 이 문제에 대해 미국인으로서 처음으로 견해를 발표한 조나단 에드워즈(Jonathan Edward)는 그렇다고 해서 상황이 변하지는 않는다고 지적했다. 신이 미리 아는 것은 우리에게 죄를 저지르도록 하지는 않지만, 신의 앎이 틀릴 수 없다면 내가 죄를 짓지 않을 길은 없으며, 내가 죄를 짓고 안 짓고는 내 탓이 아니다. 결정을 내릴 시점에서 내가 죄를 짓지 않을 가능성은 없으며, 내가 죄를 짓는 것이 이미 정해져 있다면, 내가 전적으로 그 죄에 책임을 지는 것은 공정하지 않다. 신에게도 책임이 있다. 신이 전능하다면, 나를 죽여서 죽음보다 못한 상황에서 나를 구할 수 있다. 보에티우스는 조나단 에드워즈의 논의에 민감하다. 인간에게 다음 행동을 결정할 자유가 있다면 신은 미래에 대해 알 수 없게 된다. 그러나 아직 일어나지 않은 일에 대한 신의 견해가 틀릴 수도 있다고 말하면 신성모독이라고 보에티우스는 지적한다. 신의 무오류와 인간의 자유를 둘 다 보존하는 유일한 방법은 신에게서 시간을 제거하는 것이다. 이렇게 되면 신이 아는 것은 미리 아는 것이 아니

---

5) 오리게네스(Origenes, 186~254)는 알렉산드리아의 교부이자 대표적인 신학자이다. 그리스도교 최초의 체계적 사색가로, 이후 신학사상의 발전에 크게 공헌했다.

고, 현재나 과거의 어느 때를 신의 탓으로 돌릴 수 없으며, 그 뒤
로도 신의 잘못임을 보일 수 없게 된다(그림 11).

이러한 자유는 대가를 치르고 얻는 것이다. 신의 무오류성은
구조되었지만, 우리 자신의 수호자를 빼앗겼다. 신은 이제 더 이
상 우리를 안심시킬 수 없다. 우리가 신에게 도와달라고 빌 때,
신이 여기에 없거나, 신에게 마음을 열고 우리 말을 들어 달라거
나 조언을 구하겠다고 할 때 신이 없으면, 신은 우리에게 조언하
지 못하고, 확신을 주지 못하며, 안심시키지도 못한다. 철학자의
신은 에피쿠로스의 신이다. 이 신은 우리에게 관심이 없으므로
우리를 내버려 둔다.

질투에 차 있고 때때로 악의를 가진 이교의 신에 비해 이런 신
이 더 좋지만, 이 고통스러운 세상에서 영혼에 위안을 주고 도와
주는 신은 아니다. 신이 있으나 없으나 별 차이가 없다면 그런 신
을 왜 믿는가? 인간사에 무관심한 인격신을 생각하기보다 철학
자들처럼 인격신이 아니고 따라서 무시간적이고, 궁극의 실재이
며, 모든 존재에 대해 궁극적인 설명이 되는 신을 믿는 편이 더
좋을 것이다. 이런 신을 존경하고 찬미할 수는 있겠지만, 그 신에
게 다가가거나, 그 신과 논쟁하거나, 그 신에게 죄를 용서해 달라
고 비는 것은 적절하지 않을 것이다. 플라톤은 중용(neuter, $\tau o\theta\varepsilon$
$\acute{\iota}o\gamma$[to theion])을 신의 형상으로 사용했다. 기독교를 가르쳤던
나중의 철학자들도 안셀무스가 『프로슬로기온 *Proslogion*』에서
언급한 '존재'에 대해 말하면서 중용에서 ens realissimum이라

문: 세상은 고통과 사악함으로 가득한데 어떻게 자비로운 신이 가능한가?

답: 신은 인간에게 자유 의지를 주었지만, 사람이 이것을 오용하고 있다.

문: 그렇다면 신은 전능하지 않은가?

답: 신은 여전히 인간에게 개입하여 잘못을 막을 수 있지만, 그것은 인간의 자유
를 억제하는 것이고, 따라서 신은 자신의 전능함을 제한적으로 행사하도록
결정했다.

문: 그래서 신은 내가 하는 나쁜 짓을 아는가?

답: 신이 무오류하게 앞일을 안다면, 그때가 되어 내가 더 잘 하고 마음을 바꿀
수가 없게 된다. 그러므로 나는 자유롭지 않다.

문: 그렇다면 신이 당신에게 그렇게 시킨 것이라는 뜻인가?

답: 꼭 그렇지는 않다. 그것은 유전자나 호르몬 때문일 수도 있다. 하지만 내가
마음을 바꿔먹고 내 마음 속의 악을 회개할 수가 없다면, 잘못은 내 탓이 아
니다.

문: 그래서 신은 전지하지 않는가?

답: 그것은 '전지'의 뜻이 무엇인지에 따라 다르다.

문: 신이 모르는 어떤 것이 있다.

답: 신이 모르는 것은 많이 있다. 예를 들어 2+2=5 같은 것이다.

문: 물론 신은 거짓을 모른다. 하지만 당신이 잘못을 저지르려고 했다는 것은 거
짓이 아니다. 그렇지 않은가?

답: 그것도 참이 아닐 수 있다. 학자들은 '미래 의존성'의 진리치에 대해 많은
논쟁을 했다.

문: 내게 너무 학문적이다. 지식에 대한 모든 질문은 밀어놓자. 신은 미래를 미
리 알 수 있는가? 나는 다음 주 월요일에 철학과 교수 회의가 열릴 것을 예언
할 수 있다. 신은 그것을 모르는가?

답: 신도 알 수 있다.

문: 그리고 월요일 아침에 누군가가 회의로 낭비하기에는 너무 좋은 날이라고
생각해서 모든 사람들에게 회의를 취소하라고 설득한다면, 신은 예지는 틀
렸는가?

답: 틀렸다.

문: 그것은 신성모독이다.

그림 11● 자유의지 수호

는 말을 만들어냈다.

　나는 인격적이며 인간적인 성서의 신과 철학자들의 비인격적이며 궁극적인 존재로서의 신을 강하게 대비시켜 보여주었다. 내가 보기에 결국 우리 앞에는 이 두 가지 대안밖에 없다. 그러나 기독교의 주류는 창조적 긴장 속에 이 둘을 모두 가지려고 하며, 더 높은 종합으로 둘을 껴안는 방법을 찾는다. 아우구스티누스와 아퀴나스는 무언가를 하기로 결정하는 것과 실제로 행하는 것은 다르다고 했다. 내가 이 장을 쓰기로 한 것은 얼마 전이지만 지금에야 실제로 쓰고 있다. 신이 하는 일은 시간 속에 이루어지지만, 신의 결정은 무시간적일 수 있다. 그러나 이것은 우리가 원하는 바를 주지 못한다. 이것은 인간의 죄에 대한 책임에 중요한 함의를 가지기는 하지만, 우리가 드리는 기도에 대해 신이 때맞춰 응답하는 것을 적절하게 설명하지 못한다. 우리 스스로가 오래 전부터 결정된 각본에 따라 움직이는 꼭두각시라고 생각하지 않는 한, 우리의 자유로운 결정이 미래를 변화시킬 수 있어야 한다. 시간적인 신은 이것을 새롭게 고려할 수 있다. 무시간적인 존재는 주어진 상황이나 주어진 시간에 대해 무시간적으로 지정된 행동을 한다고 할 수 있으나 이신론(理神論)의 신 이상으로는 할 수 없어서, 특정한 사람들의 고통과 행위에 무심하다.

　예언자들이 말하는 신 또는 예수 그리스도로 체화된 신은 전적으로 시간 밖에 있는 신이 아니다. 그러한 신이 존재한다면, 그 신과 시간의 관계는 전통적인 관점보다 더 단순하면서도 더 복잡해야 한다. 신이 세계에 행위를 하고 사람들에게 자신의 뜻을 전했던 성서의 이야기들을 돌려서 설명하지 않아도 이해가 될 정도로 신과 시간의 관계는 단순해야 한다. 우리는 신에 대해 받아들일 만한 견해를 가져야 하며, 인간에 대한 더 좋은 관점도 가져야 한다. 전도서의 설교자들이 해 아래 새로운 것이 없다고 무신론적인 실망을 드러내건 말건, 우리는 인간이 진정으로 창조적이라고 믿어야 하고, 세계의 역사에 대해 우리 자신이 독창적으로 기여한다고 믿어야 한다. 이제까지 우리가 사정을 아무리 엉망으로 만들어 놓았다고 해도, 새로운 마음으로 새롭게 시작할 수 있을 것이다. 우리는 과거의 것들을 남겨두고 미래의 열망으로 뻗어갈 수 있다. 삶을 무시간적이거나 순환으로 보지 않고, 니사의 그레고리우스(Gregory of Nyssa) 같은 동방의 교부들이 지적했듯이 순례자로서 뻗어나가야 한다.

그러나 신이 무시간적인 존재가 아니면, 우리는 전통적인 신학자들이 피하려고 애썼던 예지와 오류성에 대한 어려운 질문에 답해야 한다. 예언자들이 설교하면서 언제나 예언했던 것은 아니지만 그들은 때때로 예언을 했고, 그들이 전해준 신의 말씀은 뒤에 일어나는 일에 의해 거짓으로 알려질 위험도 있었다. 파라오는 신의 사람들에게 새로운 땅에 가서 잘 살라고 다정하게 축복하면서 보내 주었을 수도 있다. 문제는 앞선 지식이 아니라 앞선 생각이다. 사람에게 자기가 하는 일을 결정할 자유가 있고, 또 신이 우리가 하는 일을 보살핀다면, 신의 견해는 뒤에 일어나는 사건에 의해 거짓으로 드러날 수도 있다. 이것은 신성모독이다. 그러나 신이 특정한 사람이 어떤 일을 할 것이라는 생각 때문에 실망한다는 것이 기독교인으로서 더 큰 신성모독이 아닌가? 철학자의 신은 이런 일의 위에 있다. 그 신은 무오류여야 하고, 철학자들은 그런 신을 많이 생각하지 않을 것이다. 그러나 복음은 그리스인들에게 어리석어 보였다. 복음은 망신을 당할 수 있는 신을 말하고 있고, 그 신은 단지 예언 몇 가지가 틀리는 것보다 훨씬 나쁜 운명을 겪을 수 있다.

시간의 시작

아우구스티누스는 신의 무시간성에서 벗어나서 신이 세계를 창조하기 전에 무엇을 했는지를 다루었다. 우리는 본능적으로 기원에 대해 생각한다. 신이 우주를 창조할 때 시간을 창조하지 않았다고 해도, 시간은 우주와 함께 존재하게 되었을 것이다. 아리스토텔레스 이후로 경험주의자들은 시간이 변화에 관련된다고 보며, 따라서 변화가 없으면 시간도 없다고 말한다. 이렇게 하면 태초에 대한 곤혹스러운 질문을 피할 수 있다. 시간은 태초에 어떠했는가? 대폭발 이전에는 무슨 일이 있었는가? 신은 세계를 창조하기 전에 무엇을 하고 있었는가? 앞의 견해에 따르면 '대폭발' 이전이라고 말하는 것은 무의미하다. 하지만 '대폭발 이전'

은 무의미한 말이 아니다. 우리는 이것을 꽤 잘 이해할 수 있다. 시간은 변화를 함의하는 것이 아니라 변화 가능성을 함의할 뿐이다. 이 명백한 사실을 우리 시대의 증명주의자들 앞에서 나 자신이 만족할 만큼 증명하기는 어렵다. 하는 수 없이 나는 시제 논리를 사용해서 빈약하고 엉망인 증명을 만들었지만, 시드니 슈마허(Sydney Schumacher)가 훨씬 좋은 것을 만들었다. 여기에서 우리는 끔찍스러울 정도로 복잡한 자연법칙을 선택하거나, 아니면 시간적 진공을 허용해야 한다. 시간적 진공이란 아무 일도 일어나지 않는 기간을 말한다.

　시간은 운동의 척도가 아니라, 운동이 그 특성상 개인들 사이의 시간 척도로 사용되는 것이다. 모두가 사용할 수 있는 표준 지속 시간을 확립하려면, 우리 모두가 동일하게 지속되는 기간을 인식할 수 있어야 한다. 여기에는 대칭성이 아주 큰 과정이 필요하다. 그래야만 이것을 다양한 경우와 서로 다른 지속 시간에 적용할 수 있다. 이런 목적으로는 주기적인 운동이 알맞다. 다행히도 자연에는 여러 가지 규모의 주기적인 운동이 존재해서, 우주에는 자연적인 리듬이 있는 것으로 보인다. 우리는 이런 주기적인 운동을 시계로 사용할 수 있다. 우리는 측정가능성의 요구를 자연스럽게 시간 자체에다 투사하며, 따라서 시간이 인과에 무관하게 균일하다고 생각한다. 그러나 이것은 우리의 희망일 뿐이고, 실제로는 그렇지는 않다. 시간이 인과에 무관하게 균일하다고 생각한다면, 라이프니츠가 카이우스 대학의 클라크 박사에게 질문했던, '왜 신은 그때 세계를 창조했고 1년 전에 창조하지 않았는가' 하는 문제에 부딪힌다. 두 시나리오를 구분할 근거는 없다. 따라서 시간의 이동 대칭을 당연하게 볼 때, 신이 하필 그때 세계를 창조한 이유는 없다. 그러나 라이프니츠의 질문에 대해 그리 멍청하지 않은 답변을 할 수는 있다. 완벽한 대칭을 맞았을 때 결정을 보류하기보다는 뭔가 확정하기 위해 임의로 대칭을 깨는 것이 합리적이다. 신은 대폭발을 일으킬 때 별 이유없이 어느 때인가에 창조하기를 원했고, 어떤 시간에 그렇게 하려고 작정했을 것이다. 이것은 이상하고 신비로운 일이 아니다. 옥스퍼드 대학에서 도덕철학을 강의하면서 나는 의지의 빈약함을 다루어야 했다. 학부생들인 수강생들은 내 설명을 완전히 이해했다. 나는 침대에 누워있고, 일어나야만 하는데, 일어나야 한다는 것을 아는 것만으로는 팔다리를 움직일 수 없다. 하지만 결국은 별다른 이유 없이, 일어나기로 작정하는 데 성공한다. 외부에서 볼 때 왜 하필 그 시간에 일어나는지 설명할 수 없으나, 내부에서 볼 때 '그냥 그렇게 작정했다'는 대답은 참으로 적절하다. 객관적인 관점에서 우리는 시간이 균일하다고 생각하고, 모든 시간이 비슷하다고 생각한다. 하지만 주관적으로 볼 때 우리는 당연히 시간을 날짜마다 다르게, 지금 내 마음 속에 있는 주요 관심사에 따라 다르게, 그리고 과거와 미래에 대해 다르게 생각한다. 신약학자들은 때때로 카이로스(때, Kairos)와 크로노스(시간, chronos)를 구분한다. 언어학적으로 이 구별은 논란의 여지가 있지만, 개념적으로 이 구별은 필요하다(오래 전에 F. M. 콘퍼드의 『미크로코스모그라피아 *Microcosmographia*』에서 정식화되었다). 시간을 측정할 척도가 없어도, 또는 왜 그 날이 다른 날보다 좋은지 말할 이유가 없어도, 이 구별은 신이 세계를 창조할 때가 무르익었다는 생각을 분명하게 한다.

라이프니츠의 도전에는 맞설 수 있다. 그러나 대폭발 이전이나 종말 이후라는 말이 의미가 있으려면, 아우구스티누스를 당황하게 했던 질문을 만난다. '신은 세계를 창조하기 전에 무엇을 했나?' 그리고 '신은 심판의 날이 지난 뒤에 무엇을 할까?' 고대의 어떤 사상가는 신이 게으름 부릴 일을 걱정했다. 고등교육재정위원회가 신에게 서신을 보내 자신이 얼마나 중요한 일을 하고 있는지 입증하는 양식을 작성해 달라고 요구한다고 하자. 미래의 계획 항목은 꽤 좋아보인다. 이사야, 예레미야, 다비드, 솔로몬을 비롯해서 많은 저자들과 공동 저술을 해서 인용 지표도 아주 좋을 것이다. 그러나 실제로 완수한 작업과 현재의 활동 항목은 빈 칸이어서 별 두 개의 평가도 받기 힘들다(그림 12).

결론

우리는 이 조사를 계속할 필요가 없다. 이 질문의 거만함은 질문자와 그 문화에 대해 우리가 알아야 할 모든 것을 알려주며, 시

```
        고등교육재정위원회
           자질 평가

날짜: 기원전 4005년

대학: 트리니티, 트리니티 홀, 예수, 크리스트, 에마누엘

학위: (옥스퍼드와 케임브리지의 석사 학위 제외): 없음

출판 예정(공동저자): 아모스, 다비드 왕, 에제키엘, 에즈라, 하박국, 하가이, 호
세아, 이사야(i), 이사야(ii), 이사야(iii), 제임스, 예레미야, 요엘, 요한 유다, 루가, 말
라기, 마르코, 마태오, 미카, 모세, 나훔, 오바디아, 베드로, 바울, 솔로몬 왕, 즈
가리야, 스바냐

장래의 계획: 세계 창조, 인간 진화, 선민 선택, 예언자 조언, 사물들이 바르게 돌
아가도록 둠, 지속적인 교육과 간헐적인 영감을 줌 등.

현재의 활동(성찰과 고찰 제외): 없음
```

그림 12 ● 신의 자질 평가 양식

편의 '그러나 그때도 여전히, 나는 신이다' 하는 말처럼 무심하다. 이것은 신에게 우리의 제한된 자원을 투사한다. 우리는 쉽게 지루해지고, 신도 마찬가지일 것이라고 생각한다. 인간 세상을 걱정하는 신에 대해 생각하기 전에 인간의 입장부터 생각해서, 인간들이 죽은 뒤에 영속하는 삶을 즐길(또는 견딜) 처지에 있다고 하자. 키플링은 어렸을 때 동생에게 이렇게 말했다고 한다. 자기는 하늘 나라에 가서 구름 위에 앉아 하프를 켤 것이라고 말했

다. 그러자 동생은 이렇게 말했다. '내가 싫다면?' '그 대신에 할 수 있는 것은 훨씬 나빠.' 더 현대적인 환상에서는 천국과 지옥이 함께 있다. 브루스 가딘 경은 자기가 죽고 나면 수정처럼 물이 맑고 잡을 물고기가 가득한 곳에서 낚시를 하고 있을 것이라고 『스펙테이터Spectator』지에 썼다. 그러나 결국은 낚시도 지루해지고, 그는 옆에 있는 사람에게 다른 일을 할 수 있는지 물었다. '안됩니다. 낚시만 하실 수 있어요.' '하지만 이것은 참을 수 없어요. 나는 지옥에 있는 것 같아요.' '그럼 지금 여기가 어디라고 생각하시나요, 선생?' 시간은 가치에 대한 엄혹한 시험이다. 우리가 하고 있는 것들 중에 시간의 시험에 견뎌낼 것은 거의 없다. 우리 삶의 대부분은 우리가 그 공허함을 알기 전에 하기 때문에 일시적이고, 공허함을 알지 못할 뿐인 사소한 일들로 낭비된다. 그러나 우리가 모두 영원을 점유해야 한다면, 우리의 노력의 공허함은 똑같이 공허한 다른 일을 함으로써 치유될 수 없다. 이 삶에서 우리는 진짜로 우리가 처한 상황을 생각하기를 피하고 여러 가지 여행에 빠져서 시간이 우리를 죽일 때까지 시간을 죽일 수 있다. 그러나 이 세계에서 모든 시간을 가진다면, 인생이 짧기 때문에 가치가 있는 것들이 모두 무의미해지게 된다. 시간은 얼마든지 있으므로 모든 가능한 것들이 실현되고, 태양 아래 새로운 것이 없기에 설교자들이 말했듯이 모든 것이 헛되다. 우리는 공허함의 물가에서 고요히 자기 심장을 뜯어먹고 있을 것이다.

나는 이러한 공포를 공격하거나 완화할 수 없다. 나의 가치는 당신의 것과 마찬가지로 제한적이고, 시간의 침식에 잘 견딘다고 장담할 수 없다. 그러나 모든 가치가 침식되는지는 분명하지 않다. 영성 역학의 둘째 법칙 같은 것이 있어서 모든 것이 영원의 따분함 속에 서서히 침몰할지도 모른다. 그럴 수도 있지만, 꼭 그래야 할 이유는 없다. 게다가 우리에게는 약간의 희망의 근거가 있다. 시간이 지남에 따라 우주가 끊임없이 쇠퇴해 간다는 견해는 폐쇄된 관점이고, 폐쇄된 견해는 무엇이든 개념적으로 부적합하다고 말할 이유가 있다. 근본적인 실재는 인격적인 존재이고 근본적인 설명은 인격적인 설명이라고 주장하는 인격신론은 의인적이라고 자주 비난당한다. 인간은 흙으로 만든 발을 가지고 있지만 무한한 열망도 함께 가지고 있어서, 이 열망은 전혀 실현 불가능한 것은 아니다. 인간에게는 무한한 다양성이 있어서 무한한 점유를 무한하게 즐길 가능성의 토대가 된다. 그리고 기독교도들이 단언하는 것처럼 신이 인간의 얼굴을 하고 있다면, 무한한 존재는 견디기보다 즐길 수도 있을 것이다.

이것은 하나의 희망이다. 이것은 단지 하나의 희망일 뿐이다. 우리는 확신할 수 없다. 내가 보여주려고 한 모든 것은, 수많은 신학적 가르침에 반하여, 종교는 신을 무시간적으로 만들거나, 시간은 어떤 근본적인 의미에서 비실재라고 말할 필요가 없다는 것이다. 망신당할 수 있는 신은 시간적이고, 미래를 변경하려는 개인의 자유 의지를 허용해야 한다. 신이 우리를 자유롭게 창조했다면, 종말의 왕국에서 신은 우리의 불완전한 선택 때문에 상처받지 않을 것이다. 이것은 우리가 보기에는 너무나 먼 일일지도 모른다. 인간은 죽음에 의해 제한되어 있으므로 아주 조금밖에 앞을 내다볼 수 없다. 궁극적인 진리 또는 존재의 목적에 대한 우리의 추구에는 성공의 보장이 없다. 무신론자들은 희망할 수 있고, 기독교도는 기도할 수 있을 뿐이다. 죽음이 올 때 그것이 친구는 아니어도, 더 이상 적은 아니기를 바란다.

· Kirwan, C., *Augustine*, Chapters 7, 8 and 9, London: Routledge, 1989, paper-back 1991.

· Lucas, J. R., *A Treatise on Time and Space*, London: Methuen, 1973, especially §§ 55 and 56.

· Lucas, J. R., *The Future*, Oxford: Blackwell, 1989.

· Sorahji, R., *Time, Creation & The Continuum*, London: Duckworth, 1983.

옮긴이의 글

이 책에서는 다양한 분야의 연구자들이 각자의 관점에서 시간에 대해 설명하고 있다. 각 장의 내용은 서문에 잘 설명되어 있지만, 다시 핵심만을 추려내어 정리해본다면 다음과 같다.

1장에서는 시간의 물리학에 대해 말한다. 여기서는 시간이 시점을 나타내는 것과 변화를 나타내는 것으로 분리될 수 있다는 점에 대해 이야기되어 진다. 2장에서는 인도의 시간관이 흔히 알려져 있는 것처럼 순환적이지만은 않으며, 직선적인 시간관도 혼재되어 있다고 말한다. 3장에서는 시간 여행을 물리학적인 관점이 아니라 철학적인 관점에서 살펴본다. 미래로 가는 시간 여행은 단지 나이를 천천히 먹는 것이고, 과거로 가는 시간 여행은 불가능하다고 말한다. 과거로의 시간 여행이 상상 속에서 이루어진 것이 아니라면 실제로 과거로 가야하는데, 이는 인과 관계를 흩뜨리기 때문에 불가능한 일이라는 것이다. 4장에서는 생체 시계가 유전학적으로 어떻게 구현되는지 살펴보고, 생물의 24시간 주기 활동에 관여하는 생화학적 메커니즘을 알아본다. 5장에서는 사람이 운동을 할 때 타이밍을 맞춰 근육을 움직이는 일, 드럼을 칠 때처럼 박자에 맞춰 몸을 움직이는 일 등이 신경학적으로 어떻게 이루어지는지 알아본다. 6장에서는 사람들이 시간에 대해 어떻게 말하는지 논의된다. 영어에서는 시간을 주로 시제라는 문법적 장치로 나타내지만, 시제도 할당된 대로 정확히 과거나 현재 또는 미래를 나타내지 않으며, 동사뿐만 아니라 여러 품사에 시간 표현이 녹아 있음을 알 수 있다. 7장에서는 이야기를 통해 시간이 어떻게 표현되는지 살펴본다. 우리는 이야기를 좋아하고 이야기를 통해 사물을 파악하기 때문에 이야기 속에서 시간이 어떻게 전개되는가 하는 것은 사람에게 큰 의의가 있다. 8장에서는 종교와 시간에 대해 말한다. 여기에서 종교는 정직하게 말해서 기독교이고, 좀 더 범위를 넓힌다면 일신교를 말한다. 전지전능한 신이 세상을 창조했다는 일신론적 세계관의 난점에 대한 흥미로운 논의들을 살펴볼 수 있을 것이다.

　이렇듯 시간이라는 주제는 대단히 다양하고 복잡하다. 우선, 우리가 사용하는 말에 시간을 명시적으로 나타내는 단어는 당혹스러울 정도로 부족하거나, 공간에 관련된 말을 빌려 쓰는 경우가 대부분이다. '시간이 간다'라고 하는데, 시간은 어디로 가는가? '간다'라는 말은 공간에서 빌려온 은유이다. 그러면 '시간이 경과한다', '시간이 지나간다'는 말은 어떤가? 마찬가지로 경과한다거나 지나간다는 말도 엄밀히 말해서 공간에 사용되는 말이지 애초에 시간을 지칭하는 말은 아니다.

'세월이 흐른다'라는 말은 상황이 더 나쁘다. 세월이 무엇인가? 세(歲)는 해를 나타내고, 월(月)은 달을 나타낸다. 따라서 해와 달의 운행으로 시간을 나타낸 것이지, 세월이라는 말이 직접 시간을 나타내는 말이 되는 것은 아니다. '흐른다'는 말도 그와 마찬가지로, 시간을 강에 빗댄 은유에서 온 것이다. 또한 과거, 현재, 미래 같은 단어 역시 직접 시간을 나타내는 말이 아니다. 이 세 낱말을 우리말로 해보면, '지나갔음', '지금 있음', '아직 오지 않음'이다. 이런 기본적인 말조차 직접 나타내는 말이 없어서 다른 개념을 갖다 붙여서 사용하고 있는 것이다. 시간의 혼란은 이렇게 어휘의 빈곤에서 온다. 아니 어쩌면 반대로 시간이라는 개념이 워낙 숨어있고 어렵기 때문에 어휘가 빈곤해진 것이리라.

흔히 시간과 공간을 함께 놓는다는 것을 전제로 하고, 둘을 비교해 보자. 공간에는 공간 속의 한 점이 있고, 점과 점 사이에는 거리가 있다. 그래서 공간 자체를 나타내는 말, 공간 속의 위치를 나타내는 말, 위치들 사이의 상대적 거리를 나타내는 말이 모두 따로 있다. 그러나 시간은 그렇지 않다. 시간상의 한 점, 즉 시점 또는 시각이나, 시점들 사이의 거리 즉 시간 간격에 해당하는 분명한 어휘가 없다. 시간 자체를 나타내는 말도 시간이고, 시점을 나타내는 말도 시간이며, 간격을 나타내는 말도 시간이다. 이렇게 해도 일상생활에서는 불편함을 잘 모르지만, 시간에 대해 자세히 따져 볼 때는 꽤나 큰 문제이다.

전통적인 관점에서 보면 시간과 공간은 서로 무관하다. 그러나 8장에서 잠시 언급되듯이, 아인슈타인의 상대성 이론에 의해 시간과 공간이 살짝 얽혀 있다는 것이 밝혀졌다. 상대성 이론에 따르면 빛의 속도는 언제나 일정해야 한다. 빛의 속도는 시간당 빛이 진행하는 거리이며, 이것은 신호가 전달되는 최대 속도이다. 신호 전달의 최대 속도가 신호를 주고받는 쌍방의 운동 상태에 관계없이 일정해야 한다는 전제를 받아들이면, 시간과 공간이 살짝 얽혀 있어서 서로 얼마간 동등하다는 결론을 피할 수 없다.

근대에 와서는 사진이 발명되면서 시간에 대한 접근 방식이 크게 달라진다. 사진은 한 순간을 동결시켜 보여주며, 동영상은 말 그대로 시간을 '편집' 할 수 있게 만들었다. 게다가 교통과 통신의 발달에 의해 같은 시간에 도달할 수 있는 공간이 크게 확장되었고, 시간과 공간의 사회적 의미는 크게 바뀌었다. 과학이 발전한다고 해서 시간의 본질이 바뀌지는 않겠지만, 근대 이후로 인간은 여러 모로 다른 시간과 공간에서 살게 되었다고 말할 수 있다.

시간이라는 주제는 워낙 다양하기 때문에, 이 책에서처럼 여러 분야의 저자가 각각 다른 관점에서 살펴보는 방식이 이 주제를 파악하기에 적절해 보이기도 한다. 이렇게 씌어진 각 장들에는 특별히 논리적인 순서가 없다. 따라서 독자들은 서문을 읽은 다음에는 책의 순서에 얽매이지 않고 자유롭게 구미가 당기는 장부터 읽어도 좋다. 과학에 익숙하지 않은 독자라면 1장을 뛰어넘고 2장과 6장, 7장을 읽고 나서 나머지를 읽어도 좋을 것이다. 옮긴이는 과학을 전공했지만, 이 책에서 시간의 문학적 측면을 다룬 7장을 가장 흥미롭게 읽었다. 무엇보다 이 장이 가장 재미있었고, 나름대로 시간에 대해 오래 궁리하면서도 이런 면으로는 미처 생각해 보지 못했기 때문에 매우 참신한 느낌이 들었다.

끝으로 덧붙이자면, 대중 강연을 정리해서 펴낸 책이지만 내용이 그리 가벼워 보이지는 않는다. 독서에 약간의 정신 무장이 필요할 듯하다. 그리고 이해하기 쉬운 것부터 공략해 나가서, 저자들이 풀어놓는 시간의 다양한 의미를 꼭 획득해 보기를 기원한다.

2009년 가을,
김희봉

:: 지은이

질리언 비어(Gillian Beer)는 케임브리지 대학교 영문학과 교수이며 클레어 홀 학장이다. 그녀가 쓴 책으로는 『다윈의 플롯』(2판, 2000), 『열린 분야: 문화적 교류로 본 과학』(1996), 『버지니아 울프: 공통 기반』(1996) 등이 있다.

데이비드 크리스털(David Crystal)은 언어학 강사이며 방송인이다. 또한 편집자이기도 하며 웨일즈 대학교(뱅고르) 언어학과 명예교수이다. 그는 여러 백과사전의 편집에 참여했다. 최근의 저서로는, 『*Words on Words: Quotations about Language and Languages*』, 『*Language and Internet*』가 있다.

크리스토퍼 이샴(Christopher Isham)은 1982년부터 런던 임페리얼 칼리지 이론물리학과 교수로 있다. 지난 25년 동안 그는 주로 양자중력과 양자론의 수학적 기반에 대해 연구했고, 특히 이 영역에서 시간의 역할에 관해 연구했다. 이론물리학과 수학 바깥에서 그의 주요 관심사는 철학, C.G. 융의 저작, 신학, 클래식 음악이다. 특히 그레고리오 성가를 부르는 것이 취미이다.

차라람보스 P. 키리아코우(Charalambos P. Kyriacou)는 라이세스터 대학교 유전학과의 행동유전학 교수이다. 심리학과 유전학 학위를 받은 그의 연구 주제는 행동에 대한 분자유전학적 분석이며, 초파리를 주로 사용한다. 그는 1973년부터 파리의 성적 행동과 24시간 리듬을 연구해왔다.

J. R. 루카스(J. R. Lucas)는 『시간과 공간에 대한 논고』, 『시간과 인과성』, 『미래』, 『시공간과 전자기』(공저)를 썼으며, 『시간에 대한 논쟁』과 『시간, 창조, 세계의 질서』에도 기고했다. 그는 옥스퍼드 대학교 머튼 칼리지 특별연구원 겸 튜터이다. 영국과학철학협회 회장을 역임했고, 영국 학술원 회원이다. 그의 웹사이트는 http://users.ox.ac.uk/~jrlucas이다.

D. H. 멜러(D. H. Mellor)는 케임브리지 대학교 철학과 명예교수이며, 다윈 칼리지 특별연구원이자, 영국 학술원 회원이다. 철학적 관심사는 주로 형이상학이며, 특히 시간, 인과, 우연의 본질이다.

카틴카 리더보스(Katinka Ridderbos)는 케임브리지 대학교 다윈 칼리지의 연구원이다. 주요 연구 관심사는 통계역학의 개념적 기초이며, 시간의 방향에 관한 문제이다.

콘스탄티나 N. 사비도우(Konstantina N. Savvidou)는 현재 런던 임페리얼 칼리지에서 이론물리학을 연구하고 있다. 그녀는 박사 학위 논문에서 시간 개념의 두 가지 모습을 탐구했고, 일관된 역사 이론에서 이것을 응용하는 방법을 제안했다. 그녀의 주요 연구 관심사는 양자중력에서 시간의 문제 연구이며, 특히 시간에 대한 그녀의 새로운 아이디어를 응용하는 방법을 모색하고 있다. 그녀는 우주에 대한 학제적인 연구에 강한 믿음을 갖고 있으며, 자연의 이해에 과학과 예술이 함께 기여할 것이라고 본다.

로밀라 타파(Romila Thapar)는 고대 인도 역사 연구자이며, 현재 자와할랄 네루 대학교(뉴델리) 역사학 명예교수이다. 코넬 대학교와 펜실바니아 대학교 방문 교수였으며, 콜레주 드 프랑스에서도 강의했다. 1983년에는 인도 역사학회의 회장을 역임했으며, 옥스퍼드 대학교의 동양 및 아프리카 연구 학부와 레이디 마가렛 홀 명예 회원이며, 영국 학술원 교신 회원으로도 선출되었다. 주요 저작으로는 『아소카와 마우리아의 쇠망』, 『인도의 역사 1, 혈통에서 국가로』, 『역사의 메타포로서의 시간』등이 있다.

앨런 윙(Alan Wing)은 버밍엄 대학교 심리학부 인간행동학 교수이며, 새로 설립된 대학교 행동 뇌과학센터 운동신경과학 연구그룹 대표이다. 타이밍에 대한 MRC 연구비에 의한 연구 외에도 자세와 운동의 예측 메커니즘과 활동적인 접촉 연구에도 관심이 있다.

:: 옮긴이

김희봉은 연세대학교 물리학과 대학원을 졸업하고, 현재 교양과학
서 전문 번역가로 활동 중이다. 옮긴 책으로는, 『파인만씨 농담도 잘
하시네 1 · 2』, 『프리먼 다이슨, 20세기를 말하다』, 『과학의 변경지대』,
『나는 물리학을 가지고 놀았다』, 『네 번째 불연속』, 『세상은 생각보다
단순하다』, 『숨겨진 질서』, 『우주의 구멍』, 『위대한 물리학자』(공역,
전7권), 『천재성의 비밀』 등이 있다.

X 염색체 132, 134

타임, 시간을 읽어내는 여덟 가지 시선

1판 1쇄 발행 2009년 10월 30일
1판 2쇄 발행 2010년 2월 20일

지은이 카틴카 리더보스 외
옮긴이 김희봉
펴낸이 서정돈
펴낸곳 성균관대학교 출판부
출판부장 한상만
편집 신철호 · 현상철 · 구남희
디자인 최미영
마케팅 장민석 · 송지혜
관리 손호종 · 김지현
외주디자인 디자인허브

등록 1975년 5월 21일 제1975-9호
주소 110-745 서울특별시 종로구 명륜동 3가 53
전화 02) 760-1252~4
팩스 02) 762-7452
홈페이지 press.skku.edu

ⓒ 2009, 김희봉

ISBN 978-89-7986-772-5 93400
정가 20,000원